TOPOGRAPHIE

LAVIS DES PLANS

NOTIONS DE GÉOMÉTRIE

IMPRIMÉ PAR PLON FRÈRES,
RUE VAUGIRARD, 36, A PARIS.

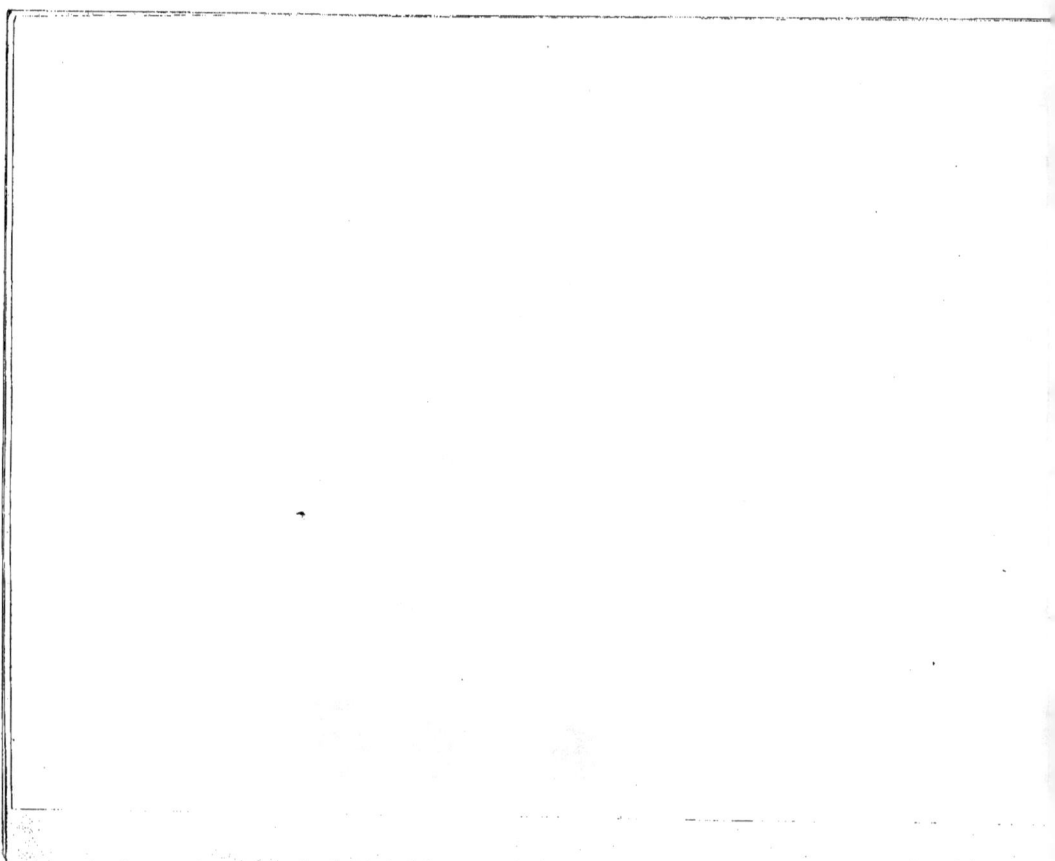

TRAITÉ ÉLÉMENTAIRE

DE TOPOGRAPHIE

ET DE

LAVIS DES PLANS

ILLUSTRE

DE NOMBREUSES PLANCHES COLORIÉES AVEC SOIN

ET PRÉCÉDÉ DE

NOTIONS DE GÉOMÉTRIE

ACCOMPAGNÉES DE GRAVURES SUR BOIS INTERCALÉES DANS LE TEXTE

PAR M. TRIPON

PROFESSEUR DE TOPOGRAPHIE ET DE DESSIN LINÉAIRE, ETC.

PARIS

LANGLOIS ET LECLERCQ, LIBRAIRES-ÉDITEURS

81, RUE DE LA HARPE

1846

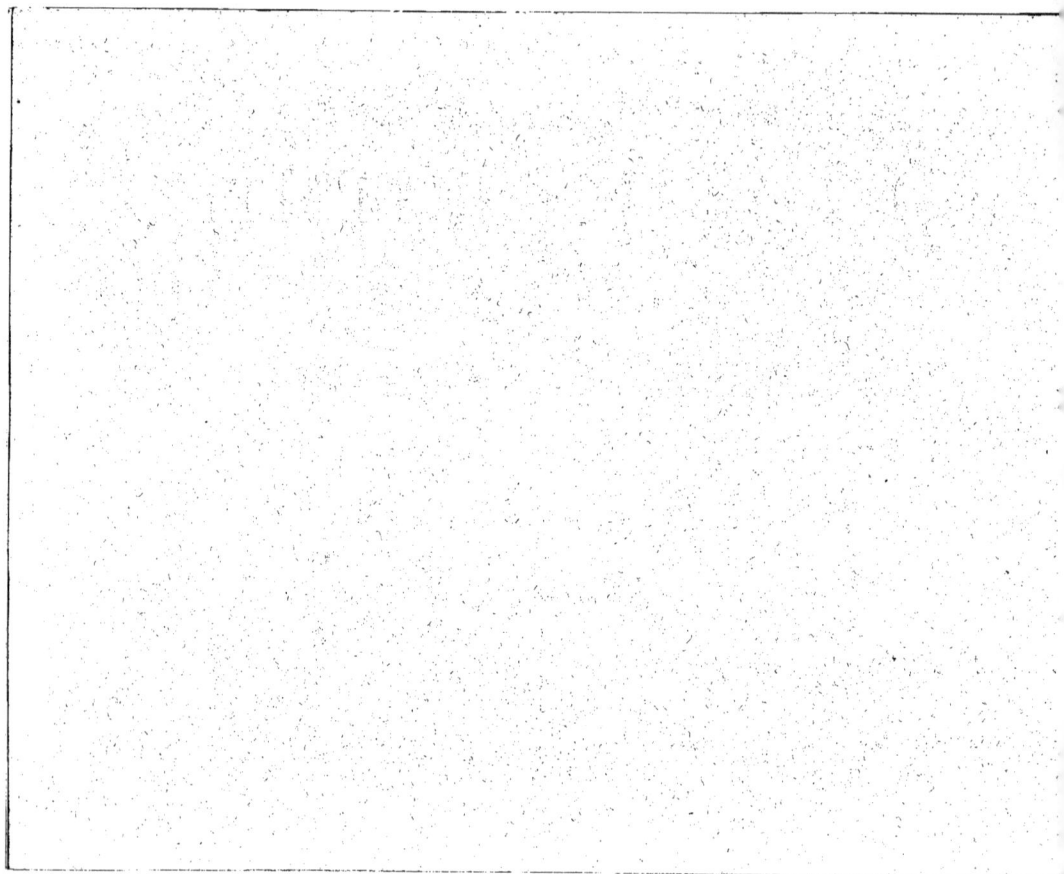

NOTIONS DE GÉOMÉTRIE.

DÉFINITIONS.

La *géométrie* est une science qui a pour objet la mesure de l'*étendue*.

L'*étendue* a trois dimensions : *longueur*, *largeur* et *hauteur*.

L'étendue en longueur se nomme *ligne* ; l'étendue en largeur et longueur se nomme *plan* ou *surface* ; l'étendue en longueur, largeur et hauteur se nomme *corps* ou *solide*.

DES TERMES ET DES SIGNES EMPLOYÉS EN GÉOMÉTRIE.

1° On appelle *axiome* une vérité évidente par elle-même. Ainsi : *deux quantités égales à une troisième sont égales entre elles* ; *un tout est plus grand que l'une de ses parties*, sont des axiomes.

2° Le *théorème* est une vérité qui a besoin, pour devenir évidente, d'un raisonnement appelé *démonstration*.

3° Un *problème* est une question à résoudre.

4° Le *lemme* est une vérité employée subsidiairement pour la démonstration d'un théorème ou la solution d'un problème.

5° Le *corollaire* est la conséquence immédiate d'une ou de plusieurs propositions déjà démontrées.

6° Une *scholie* est une observation faite sur une ou plusieurs propositions.

7° Une *réciproque* est une proposition inverse d'une autre, de telle sorte que, dans l'énoncé, la conclusion prend la place de la supposition, et la supposition celle de la conclusion. Toutes les réciproques ne sont pas vraies.

8° Le mot *hypothèse* est synonyme de supposition.

9° La *proposition* est l'énoncé d'une vérité quelconque.

Le signe $=$ indique l'égalité ; A $=$ B signifie que A est égal à B.

$>$ veut dire *plus grand que* : A plus grand que B s'écrit A $>$ B.

$<$ veut dire *plus petit que* : A $<$ B exprime que A est plus petit que B.

$+$ se prononce *plus* ; il exprime une addition : A plus B s'indique A $+$ B.

$-$ signifie *moins* ; il exprime une soustraction : A moins B s'écrit A $-$ B.

$\times$ annonce une multiplication : ainsi, A multiplié par B s'écrit A $\times$ B.

Un nombre quelconque placé au-devant d'une ligne ou d'une quantité, lui sert de multiplicateur ; ainsi, pour exprimer que la ligne A B est prise 4 fois, on écrit 4 A B ; pour désigner la moitié ou le quart d'un angle A, on écrit $\frac{1}{2}$ A, $\frac{1}{4}$ A.

Le carré d'une ligne ou d'un nombre quelconque s'exprime ainsi $^{-2}$; ainsi, pour exprimer le carré de A B, on écrit A B^{-2} ; son cube s'exprimerait ainsi A B^{-3}.

$\sqrt{\ }$ Indique une racine à extraire ; ainsi $\sqrt{\ }$ est la racine carrée de 2 ; $\sqrt{A \times B}$ est la racine du produit de A $\times$ B.

DE LA LIGNE.

La *ligne* est la trace que laisse un point qui se meut dans l'espace.

Les extrémités de la ligne se nomment *points*.

La *ligne* est DROITE, COURBE, BRISÉE, OU MIXTE.

La ligne *droite* est le plus court chemin d'un point à un autre. A B (*figure 1*) est une ligne droite.

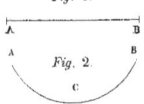

Fig. 1.

La ligne *courbe* est celle qui n'est ni droite ni composée de lignes droites. A C B (*figure 2*) est une ligne courbe.

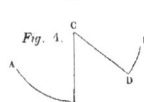

Fig. 2.

La ligne *brisée* est celle qui est composée de plusieurs lignes droites, dirigées vers des points différents A B C D E (*figure 3*) est une ligne brisée.

Fig. 3.

Fig. 4.

La ligne *mixte* se compose en partie de lignes droites et en partie de lignes courbes. A B C D E (*figure 4*) est une ligne mixte.

Deux lignes droites sont entre elles : PARALLÈLES, OBLIQUES OU PERPENDICULAIRES.

Fig. 5.

Deux lignes sont PARALLÈLES entre elles lorsqu'étant situées sur un même plan elles ne peuvent se rencontrer, à quelque distance qu'on les prolonge. C D, M N, toutes deux situées sur le plan A B, sont deux lignes parallèles (*figure 5*). Deux courbes, deux arcs de cercles, sont également parallèles entre eux lorsqu'ils sont décrits d'un même centre. Il suit de là que deux courbes, quelles qu'en soient les courbures, sont parallèles entre elles lorsqu'étant situées sur un même plan, elles sont décrites des mêmes centres.

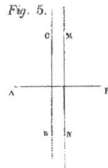

Fig. 6.

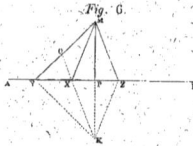

Deux lignes sont OBLIQUES, lorsque l'une, rencontrant l'autre, s'incline plus d'un côté que de l'autre. Ainsi M Y, M X, M Z, sont trois lignes obliques par rapport à la ligne A B (*figure* 6). Deux obliques qui s'écartent également du pied de la perpendiculaire M P sont égales; les deux obliques M X, M Z, sont donc égales. Deux obliques s'écartant inégalement du pied de la perpendiculaire, sont inégales. La plus longue est celle qui s'en écarte le plus : telle est l'oblique M Y.

Deux lignes sont PERPENDICULAIRES, l'une par rapport à l'autre, lorsque celle qui rencontre l'autre s'incline également des deux côtés. Ainsi la ligne M P (*figure* 6) est perpendiculaire par rapport à la ligne A B.

La ligne est *verticale* ou *horizontale*.

La ligne *verticale* est celle qui suit la direction du fil à plomb; telle est la ligne M P (*figure* 6).

La ligne *horizontale* est celle qui suit le niveau naturel des eaux; elle est perpendiculaire à la ligne verticale et réciproquement. A B est une ligne horizontale (*figure* 6).

DES ANGLES.

Fig. 7.

L'*angle* est l'espace plus ou moins grand qui existe entre deux lignes A B, A C (*figure* 7) qui se coupent. Le point de *rencontre* ou d'*intersection* des deux côtés de l'angle se nomme SOMMET de l'angle.

Tout angle présente deux côtés et un sommet. Les côtés ne sont autre que les droites qui se coupent; le sommet est le point d'intersection. Ainsi il ne faut pas confondre le sommet avec l'angle même. Quand l'angle est isolé sur un plan, une lettre à son sommet suffit pour le désigner; mais quand plusieurs droites concourent au même point il faut trois lettres pour désigner en particulier un des angles qu'elles forment. Ainsi on dira : les angles D O A, C O A, D O B, en ayant soin de nommer toujours au milieu la lettre O qui est le sommet, tandis que les deux autres désignent les deux côtés. Il est utile de familiariser de bonne heure les élèves avec ces dénominations en multipliant les angles autour d'un point, par exemple autour du point O, et du même côté E D; les trois droites A O, B O, C O, forment neuf angles, dont deux droits, cinq aigus, deux obtus, ayant tous, leur sommet commun O (*figure* 8).

Fig. 8.

L'angle est *droit, aigu* ou *obtus.*

Fig. 9.

On appelle *angle droit* l'espace compris entre les droites C O et O B perpendiculaires l'une à l'autre; de sorte que dire, que deux lignes *se coupent à angle droit*, c'est dire, qu'elles sont perpendiculaires entre elles (*figure* 9).

Mais si l'une des droites, D O, est oblique sur A B, l'angle compris entre les deux droites A O, D O, est un *angle aigu* (*figure* 9).

L'*angle aigu* est plus petit que l'angle droit; car si O E est perpendiculaire à A B, il est évident que l'angle aigu A O D, étant renfermé dans l'angle droit A O E, il est plus petit.

L'*angle obtus* est plus grand que l'angle droit; la droite D O forme avec la droite O B un angle D O B plus grand que l'angle droit; cet angle est un *angle obtus.*

Fig. 10.

On appelle *angles adjacents* deux angles tels que D A B, B A C (*figure* 10), qui ont leur sommet en un même point A et dont les côtés extérieurs, A C, A D, ne font qu'une seule et même droite D C.

N. B. Pour mesurer un angle, on se sert d'un instrument en cuivre ou en corne, formé d'un demi-cercle, divisé en 180 degrés, nommé rapporteur (*figure* 11); ou emploie cet instrument en appliquant le centre sur le sommet de l'angle qu'on veut

Fig. 11.

mesurer; on lit sur la circonférence le nombre de degrés qu'il contient, et on peut faire un angle égal partout ailleurs.

D'autre part, si le nombre des degrés de l'angle à construire est connu, en plaçant le centre du rapporteur sur son sommet, la division qui correspond à ce nombre donne l'ouverture de l'angle à construire.

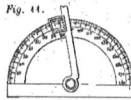

DES TRIANGLES.

L'espace compris entre trois droites qui se coupent entre elles se nomme *polygone* ou *triangle;* le triangle est le plus simple des polygones.

Le triangle a donc trois côtés et trois angles.

Fig. 12.

Le triangle s'écrit toujours par trois lettres; celle du sommet se prononce la seconde. Ainsi il faut dire le triangle A B C ou C B A; B étant le sommet (*figure* 12), le côté A C, qui lui est opposé, se nomme base du triangle.

La hauteur du triangle est égale à une perpendiculaire B D abaissée du sommet sur sa base.

La surface d'un triangle s'obtient en multipliant sa base par la moitié de sa hauteur.

La valeur des angles d'un triangle est toujours égale à deux angles droits. Deux angles d'un triangle étant connus, il est facile de déterminer le troisième. Il suffit, pour cela, de faire la somme des deux angles connus, et de retrancher le total de 180° (valeur des deux angles droits); la différence sera la valeur du troisième angle.

Le triangle est *rectangle, équilatéral, isocèle, scalène, obtusangle ou acutangle.*

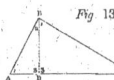

Fig. 13

Le triangle *rectangle* est celui qui a un angle droit, tel que A B C (*figure* 13); le côté opposé à l'angle droit s'appelle HYPOTHÉNUSE.

Dans un triangle rectangle A B C, toute perpendiculaire B D, abaissée du sommet sur sa base A C, divise ce triangle en deux autres triangles semblables au triangle total, et par conséquent semblables entre eux.

Fig. 14.

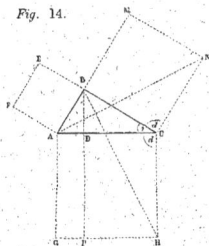

Le triangle rectangle jouit de cette propriété que le carré fait sur l'hypothénuse de ce triangle est équivalent à la somme des carrés construits sur les deux autres côtés (*figure* 14). Ainsi, par exemple, si A G H C est un carré dont la base et la hauteur soient égales chacune à l'hypothénuse A C, si B C N M est un carré dont la base et la hauteur soient égales chacune au côté B C, et A B E F un carré dont la base et la hauteur soient égales au côté A B, nous aurons :

A G H C = B C N M + A B E F,

ou encore

AC² = BC² + AB².

Fig. 15.

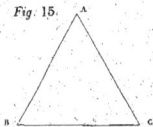

Le triangle *équilatéral* est celui qui a ses trois côtés égaux ; on l'appelle aussi équiangle, parce que ses trois angles sont égaux. B A C (*figure* 15) est un triangle équilatéral. Dans un triangle équilatéral les trois angles sont toujours aigus.

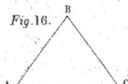

Fig. 16.

Le triangle *isocèle* est celui dont deux côtés seulement sont égaux. A B C est un triangle isocèle (*figure* 16).

Le triangle *scalène* a ses trois côtés inégaux. A B C (*figure* 17) est un triangle scalène.

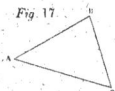

Fig. 17.

Le triangle *obtusangle* est celui dont un des angles est obtus.

Le triangle *acutangle* est celui dont les trois angles sont aigus. Ainsi, un triangle équilatéral est aussi un triangle *acutangle*. Quel que soit le triangle que l'on considère, on lui trouve trois propriétés bien remarquables, et précieuses par les applications pratiques.

1° *La somme des trois angles d'un triangle est toujours égale à deux angles droits.*

2° *Un côté quelconque est toujours plus petit que la somme des deux autres.*

3° *Le plus grand angle d'un triangle est toujours opposé au plus grand côté.*

Examinons d'abord la première propriété et ses principales conséquences.

Fig. 18.

Soit un triangle B A C (*figure* 18). En prolongeant le côté B C en D et menant, par le point C, une ligne C I parallèle au côté A B, on partagera l'*angle extérieur* A C D en deux angles A C I, I C D, respectivement égaux aux deux angles intérieurs A B C, B A C comme alternes internes ; les deux autres comme correspondants. Mais les trois angles formés autour du point C, savoir B C A, A C I, I C D, ne valent ensemble que deux angles droits, et, en substituant aux deux derniers leurs égaux, on aura B C A + B A C + A B C = deux angles droits.

D'où il résulte que, quand on connaît la valeur de deux angles dans un triangle, il est facile de déterminer la valeur du troisième. Pour le prouver, soit, par exemple : l'angle A = 38° 51′, si l'angle B = 75° 28′, on aura l'angle C = 180° − (38° 51′ + 75° 28′) = 66° 42′. Quand les valeurs sont données en grades et fractions centigrades, la soustraction se fait sur 200 grades.

Si les deux angles sont donnés graphiquement sans que le rapporteur ait fait connaître leur valeur numérique, une construction facile aura bientôt donné le troisième.

Sur une droite M N, et avec un rayon quelconque, décrivez d'un point O, pris comme

Fig. 19.

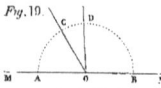

centre, une demi-circonférence de A en B; avec le même rayon, et du sommet de chaque angle donné, décrivez un arc de cercle qui en coupe les deux côtés. et, reportant la grandeur de chaque corde sous-tendant chacun de ses arcs de A en C, de C en D, vous reportez ainsi les deux angles donnés en A O C, C O D; le troisième, D O C, doit nécessairement être l'angle cherché, puisque A O C + C O D + D O B = deux droites.

De ce qui précède, il est facile de conclure qu'un triangle ne peut jamais avoir qu'un angle droit; car si deux de ses angles pouvaient être égaux à deux angles droits, le troisième serait égal à zéro, et il n'y aurait pas de triangle. A plus forte raison un triangle ne peut jamais avoir plus d'un angle *obtus*.

Dans tout triangle, un angle quelconque est supplémentaire de deux autres.

Fig. 19 *bis.*

La seconde propriété des triangles : *un côté commun est toujours plus petit que la somme des deux autres,* se prouve par un raisonnement bien simple; car, si le plus court chemin de A en B est la ligne droite, il est clair que tout point C qui ne se confondra pas avec ceux de la droite A B déterminera une ligne brisée B A + A C > que A B (*figure* 19 *bis*).

La troisième propriété générale est facile à démontrer :

Fig. 20.

Soit un triangle A B C dans lequel l'angle A est plus grand que l'angle C ; je dis que le côté C B, qui est opposé à l'angle A, sera plus grand que le côté A B, qui est opposé à l'angle C. En effet, si, du milieu de A C, j'élève, au point O, une perpendiculaire qui ira couper C B en D, j'aurai C D égal à D A ; de plus, dans le triangle B D A, on aura : B A < B D + D A ; la réciproque est vraie et se démontre de la même manière.

DES QUADRILATÈRES.

Le quadrilatère est une figure composée de quatre lignes que l'on nomme côtés et de quatre angles formés par ces côtés.

Parmi les quadrilatères on distingue :

Fig. 21.

1° Le *carré,* qui a tout à la fois les quatre angles droits et les quatre côtés égaux. A′ B′ C′ D′ (*figure* 21).

2° Le *rectangle,* dont les angles sont droits et les côtés égaux deux à deux, ainsi que ses diagonales A B C D (*figure* 22).

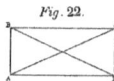

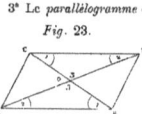

Fig. 22.

3° Le *parallélogramme* ou *rhombe*, qui a les côtés opposés parallèles et égaux deux à deux. A B D C (*figure* 23) est un parallélo-

Fig. 23.

gramme. Les deux diagonales d'un parallélogramme se coupent mutuellement en deux parties égales; le point d'intersection O est le centre ; la figure se trouve ainsi partagée en quatre angles égaux, deux à deux, et opposés au sommet commun.

DES POLYGONES.

Le *polygone* est une figure composée d'un nombre quelconque de côtés. Ces côtés, pris ensemble, forment le contour ou *périmètre* du polygone.

Le polygone est *rectiligne, curviligne, mixtiligne, régulier* ou *irrégulier.*

Il est *rectiligne* lorsqu'il n'est composé que de lignes droites.

Il est *curviligne* lorsqu'il n'est composé que de lignes courbes.

Il est *mixtiligne* lorsqu'il est composé de lignes droites et courbes.

Il est *régulier* lorsqu'il a ses côtés et ses angles égaux.

Il est *irrégulier* lorsqu'il a ses côtés et ses angles inégaux.

On nomme *diagonale* d'un polygone la ligne qui joint le sommet de deux angles opposés.

Les figures *égales* sont celles dont toutes les parties sont égales et dans le même ordre.

Les figures *symétriques* sont celles dont toutes les parties sont égales mais dans un ordre opposé.

Les figures *semblables* sont celles dont les angles sont égaux et les côtés augmentés ou diminués dans une même proportion.

DE LA CIRCONFÉRENCE.

La *circonférence* d'un cercle est une ligne courbe dont tous les points sont également éloignés d'un point intérieur que l'on nomme *centre.*

Le *cercle* est la figure dont la circonférence est le contour.

N. B. Il arrive souvent que, dans la conversation, l'on confond le cercle avec la circonférence ; il sera très-facile de rétablir l'expression des termes, si l'on veut bien se souvenir que le cercle est une surface qui a longueur et largeur, tandis que la circonférence n'est qu'une ligne.

DES LIGNES PAR RAPPORT AU CERCLE.

Une ligne, par rapport au cercle, peut être *diamètre, rayon, corde, arc, tangente, sécante, segment* ou *secteur.*

On nomme *diamètre* la ligne B' B''', qui, passant par le centre A du cercle, vient aboutir de part et d'autre à la circonférence (*figure 24*). Cette droite est égale à la somme de deux rayons. Ses deux extrémités B' B''' sont, dans le cercle, deux points opposés.

Fig. 24.

On nomme *rayon* toutes lignes A B, A B', A B'', A B''' qui, partant du centre A, vont aboutir à la circonférence. Dans un même cercle, tous les rayons, comme tous les diamètres, sont égaux; le rayon est la moitié du diamètre.

On appelle *corde* ou *sous-tendante* une droite M N menée d'un point de la circonférence à un autre point (*figure 25*). Le diamètre est la plus grande corde que l'on puisse mener dans un cercle.

Fig. 25.

On appelle *arc* la partie de la circonférence, soit au-dessus, soit au-dessous de la corde M N (*figure 25*).

On appelle *tangente* une ligne qui n'a qu'un point de commun avec la circonférence. Ce point se nomme point de contact.

Fig. 26.

Soit un cercle (*figure 26*) qui ait pour rayon la droite A O perpendiculaire à M T passant par l'extrémité A de la circonférence; la ligne M T est tangente au point A.

Fig. 27

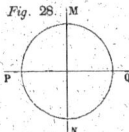

Deux circonférences sont tangentes l'une à l'autre lorsqu'elles n'ont qu'un point de commun entre elles (*figure 27*).

Fig. 28.

On appelle *sécante* toute ligne, soit M N, ou P Q, qui dépasse la circonférence après l'avoir coupée en deux points. Une sécante ne peut avoir que deux points communs avec la circonférence (*figure 28*).

Un *segment* est une portion de cercle comprise entre la corde et l'arc. M P N (*figure 25*) est un segment.

Un *secteur* est une portion de cercle comprise entre un arc et deux rayons. M O N (*figure 25*) est un secteur.

Une ligne *inscrite* est celle dont les extrémités aboutissent à la circonférence; tel est le diamètre.

Une ligne *circonscrite* est celle qui n'a qu'un point commun avec la circonférence, telle est la tangente.

Il en est de même des polygones.

Fig. 29.

Fig 30.

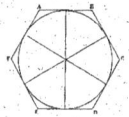

Un polygone *inscrit* est celui dont tous les angles touchent à la circonférence par leurs sommets; il est alors inscrit dans le cercle. A B C D E F est un polygone inscrit (*figure 29*).

Un polygone est *circonscrit* lorsque tous ses côtés sont tangents au cercle; c'est alors le cercle qui est inscrit dans le polygone: telle est la figure A B C D E F (*figure 30*).

Enfin la *figure 31* réunit les deux conditions de polygones inscrit et circonscrit, comme aussi elle donne les cercles inscrit et circonscrit.

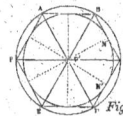

Fig. 31

DE L'ELLIPSE.

L'*ellipse* est une courbe fermée qui est tracée de telle manière que la somme des distances de chacun de ses points à deux autres fixes est constante (voir *figure 74*).

Dans l'ellipse on remarque les *foyers*, les *rayons vecteurs*, le *grand* et le *petit axe*.

Les *foyers* sont les deux points fixes qui servent à tracer l'ellipse.

Les *rayons vecteurs* sont les lignes qui vont d'un point quelconque de l'ellipse aux foyers.

Le *grand axe* est le plus grand diamètre de l'ellipse, celui sur lequel sont situés les foyers. Il est égal à la somme des rayons vecteurs.

Le *petit axe* est le plus petit diamètre de l'ellipse; il est perpendiculaire sur le milieu du grand axe.

DES FIGURES SYMÉTRIQUES ET DE LEUR TRACÉ.

PROBLÈME N° 1.

Nous ne parlerons ici que des lignes et des figures ou portions de plan renfermées entre des systèmes de lignes. Nous pourrons distinguer la symétrie par rapport à un point qu'on nomme *centre de symétrie*, et par rapport à une droite qu'on nomme *axe de symétrie*.

1° Centre de symétrie.

Le point du milieu d'une droite est un centre de symétrie par rapport aux deux autres points de cette droite pris à égale distance de ce point, car il est alors symétrique de lui-même. Le centre d'un cercle est le centre de symétrie de tous les points de la circonférence, puisque tous les rayons sont égaux. Les bissections des angles d'un triangle équilatéral se coupent en un point également éloigné des trois sommets et du milieu des trois côtés; donc ce point est centre de symétrie.

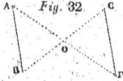

Deux droites sont symétriques par rapport à un point quand, étant parallèles et égales, elles se trouvent respectivement à égale distance de ce point; car, de même que les points extrêmes des deux droites AB, CD sont également distants du point O, puisqu'on a $AO + OD = BO + OC$; de même, tous les autres points de ces deux droites, pris deux à deux, seraient symétriques; donc les deux droites sont symétriques quant au point O.

Fig. 32.

PROBLÈME N° 2.

Deux figures sont symétriques, relativement à un centre, quand les lignes de leurs

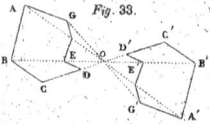

Fig. 33.

contours sont symétriques à ce point; tels sont les polygones $ABCDEG$, $A'B'C'D'E'G'$, dont les sommets sont respectivement à égales distances du point O. Deux figures, symétriques à un point, sont égales, et présentent la même face; il suffirait d'en faire tourner une sur elle-même, sans la renverser, pour qu'elle devînt superposable à l'autre et la couvrît exactement. Il résulte de là que deux polygones égaux peuvent être placés symétriquement à un point pris sur le plan où ils se trouvent placés; le point de symétrie pourrait même être un sommet commun aux deux polygones.

Les polygones d'un nombre pair de côtés sont symétriques par rapport à un centre. Le parallélogramme, le carré, le losange, sont symétriques aux points que déterminent les deux diagonales menées par les sommets opposés; et nous verrons que le centre des polygones réguliers, qui tous sont inscriptibles au cercle, et ont leurs côtés, leurs sommets et leurs rayons symétriques au centre du cercle, prend le nom de *centre du polygone*.

TRACÉ DES LIGNES ET DES FIGURES SYMÉTRIQUES A UN POINT.

PROBLÈME N° 3.

Nous donnerons seulement le tracé d'un triangle, d'où il sera facile de déduire celui des lignes ou des polygones.

Soit donc un triangle ABC et le point O, centre de symétrie. Menez AO, CO, BO, prolongez ces lignes de telle sorte que vous produisiez $OA' = OA$, $OB' = OB$, $OC' = OC$; joignez les trois points A', B', C', par trois droites, et le triangle $A'B'C'$ sera symétriquement égal au triangle ABC (*figure 34*).

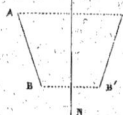

Fig. 34.

2° Axe de symétrie.   PROBLÈME N° 4.

Quand deux droites sont perpendiculaires l'une à l'autre, de telle sorte qu'elles se coupent mutuellement en deux parties égales, les points extrêmes de l'une, également distants du point d'intersection, sont symétriques relativement à l'autre ligne, qui est dite alors AXE DE SYMÉTRIE.

Fig. 35.

Deux droites sont symétriques à un axe quand leurs points, pris deux à deux, sont symétriques à cet axe, c'est-à-dire, quand ils sont également distants du point d'intersection que détermine la droite perpendiculaire à l'axe mené par les deux points; tels sont AA', BB' (*figure 35*). Les deux droites AA', BB', pourraient être parallèles et la symétrie pourrait être également vraie, pourvu que ces lignes fussent toutes deux également distantes de l'axe MN.

TRACÉ DES FIGURES SYMÉTRIQUES PAR RAPPORT A UN AXE.

PROBLÈME N° 5.

Nous prendrons le triangle, par exemple, car tous les polygones symétriques peuvent être décomposés en triangles symétriquement égaux, et il sera facile d'appliquer la démonstration à des figures plus compliquées.

Soit donc le triangle ABC et l'axe MN.

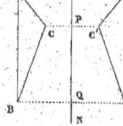

Fig. 35 bis.

Par le point A, menez une perpendiculaire à MN, et prolongez indéfiniment; puis, par les points B, C, à l'aide d'une équerre glissant le long d'une règle plate convenablement assujettie, menez des parallèles que vous prolongerez comme la première, de manière à prendre avec le compas $OA' = OA$, $PC' = PC$, $QB' = QB$; puis joignez les trois points A', B', C' par des droites, et le triangle $A'B'C'$ sera symétriquement égal à ABC.

ÉLEVER DES PERPENDICULAIRES SUR UNE LIGNE.

Il y a plusieurs cas.

1° Un point étant pris sur une ligne, élever une perpendiculaire ;

2° A l'extrémité d'une ligne, lorsqu'il n'est pas possible de la prolonger, élever une perpendiculaire ;

3° Un point étant donné hors d'une ligne, abaisser de ce point une perpendiculaire.

PROBLÈME N° 6.

1er *Cas.* — Un point C étant donné sur la ligne A B (*figure* 36), élever une per-

Fig. 36.

pendiculaire. Posez d'abord la pointe du compas sur le point C, après l'avoir ouvert d'une grandeur quelconque C I ; coupez la droite donnée en I et en K, de telle sorte que C I = C K ; puis, avec une ouverture de compas plus grande que C I, décrivez, des points I et K comme centre, deux arcs qui se coupent en O ; la droite menée par les points C et O sera la perpendiculaire demandée.

Si la perpendiculaire devait être élevée à l'extrémité A d'une droite qui pourrait

Fig. 37.

être prolongée, on la prolongerait d'une longueur quelconque C A ; on reporterait de A en B une grandeur égale à A C, et le point A deviendrait le pied de la perpendiculaire que l'on construirait comme nous l'avons dit plus haut ; la perpendiculaire étant tracée, on effacerait la ligne A C.

Mais si la droite donnée ne pouvait être prolongée, il faudrait opérer ainsi qu'il suit.

PROBLÈME N° 7.

2e *Cas.* — A l'extrémité A de la ligne A B (*figure* 38), élever une perpendiculaire à cette ligne sans la prolonger.

Fig. 38.

Du point A, pris comme centre, tracez un arc de cercle C I ; tracez-en un autre, avec la même ouverture de compas, en prenant C pour centre ; par les points C I, faites passer une droite, indéfinie de longueur, de I en O ; sur cette droite déterminez en O une longueur égale à I C ; la droite qui passera par les deux points A et o sera la perpendiculaire demandée.

PROBLÈME N° 8.

3e *Cas.* — Soit le point P pris hors de la ligne donnée A B (*figure* 39), abaisser de ce point une perpendiculaire sur A B.

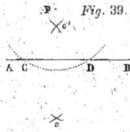

Fig. 39.

Du point P pris comme centre, avec une ouverture de compas quelconque, décrivez un arc de cercle qui vienne couper la ligne donnée A B en deux points C, D ; de ces deux points, pris comme centres, décrivez au-dessus et au-dessous de la ligne donnée quatre arcs de cercle qui se coupent en o et o', joignez ces deux points par une ligne o o' ; cette ligne sera la perpendiculaire demandée.

MESURE DES ANGLES. — GRADUATION DE LA CIRCONFÉRENCE.

Mesurer un angle, c'est comparer sa grandeur à celle d'un angle pris comme unité ; l'unité de mesure d'angle est l'angle droit.

L'angle droit lui-même se rapporte à la circonférence d'un cercle. En effet, soient

Fig. 40.

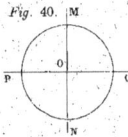

les droites M N et P Q, se coupant à angle droit au point O ; de ce point, comme centre, avec un rayon quelconque O P, décrivez une circonférence ; elle sera partagée en quatre parties égales, et l'arc P N que sous-tend la corde P Q sera le quart de cette circonférence opposé à l'angle M O Q. Remarquez aussi que la grandeur du rayon est indifférente et que la grandeur du côté ne fait rien à celle de l'angle, qui vient toujours se terminer au sommet.

Soient maintenant deux angles P O N, P O M adjacents en O ; du sommet O, pris

Fig. 41.

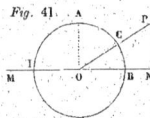

comme centre, décrivez une circonférence et élevez en O une perpendiculaire O A ; l'arc A B sera plus grand que l'arc C B ; or, supposons que C B soit le tiers de A B, vous en devrez conclure que l'angle aigu P O N est le tiers de l'angle A O B qui est droit. C'est donc par son rapport à une circonférence qu'un angle quelconque se mesure, et, comme la grandeur d'un angle peut varier autant qu'on peut imaginer de points dans une demi-circonférence, la grandeur d'un angle se désigne par celle de l'arc d'une circonférence décrite d'un rayon arbitraire, le sommet de l'angle étant pris pour centre.

DU TRACÉ DES ANGLES.

Le tracé des angles n'offre par lui-même d'autre difficulté que de bien donner aux lignes qui en forment les deux côtés l'obliquité qui leur convient, selon le rapport entre l'arc de cercle compris entre ces côtés et la circonférence entière d'un cercle décrit du même rayon. Ainsi, c'est la grandeur de cet arc qu'il faut s'habituer à apprécier avec la plus rigoureuse précision.

PROBLÈME N° 9.

Soit donc à reporter un angle égal à un autre angle déjà tracé A O B (*figure* 42).

Tracez d'abord une droite M N indéfinie et dans la direction de O A; du

Fig. 42.

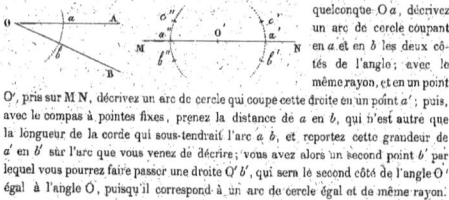

sommet O et avec un rayon quelconque O *a*, décrivez un arc de cercle coupant en *a* et en *b* les deux côtés de l'angle; avec le même rayon, et en un point O', pris sur M N, décrivez un arc de cercle qui coupe cette droite en un point *a*'; puis, avec le compas à pointes fixes, prenez la distance de *a* en *b*, qui n'est autre que la longueur de la corde qui sous-tendrait l'arc *a b*, et reportez cette grandeur de *a*' en *b*' sur l'arc que vous venez de décrire; vous avez alors un second point *b*' par lequel vous pourrez faire passer une droite O' *b*', qui sera le second côté de l'angle O' égal à l'angle O, puisqu'il correspond à un arc de cercle égal et de même rayon.

Cette solution trouvée, il est facile de comprendre qu'autour du point O', il est possible de construire quatre angles égaux à l'angle O, puisque les quatre arcs *a*' *b*', *a*' *c*', *a*'' *b*'', *a*' *c*'' sont égaux.

CONSTRUCTION D'UN ANGLE AU MOYEN DU RAPPORTEUR.

PROBLÈME N° 10.

Supposons maintenant qu'il s'agisse de construire, non plus un angle égal à un angle déjà tracé sur un plan, mais un angle dont le nombre de degrés est seul désigné; c'est alors qu'on emploie le rapporteur.

Le rapporteur (*figure* 43) est un demi-cercle A B C, joint à une règle étroite

Fig. 43.

A P B Q, de même longueur que le diamètre A B, et découpé de telle sorte qu'il ne reste qu'une lame demi-circulaire. Le centre des deux demi-circonférences concentriques qui le terminent est en O; le point C le partage en deux parties égales, et une droite, menée de C en O, serait perpendiculaire sur A B : c'est le n° 90. Sur le limbe A B C sont tracées 180 divisions égales, numérotées de dix en dix, et le numérotage est ordinairement double et en sens inverse de

---

A en B et de B en A, afin que, sans retourner l'instrument, on puisse tracer deux angles égaux ou inégaux, de même sommet, et dirigés en sens contraire.

Supposons que l'on veuille tracer un angle de 58 degrés. La droite M N, qui doit fermer un des côtés, étant tracée, on marquera sur cette droite le point qui doit être le sommet, et on posera le bord A B de l'instrument sur la droite de manière que son point O se confonde avec le point marqué. D'un côté ou de l'autre de la perpendiculaire est marqué le chiffre 50, et, en comptant les huit divisions suivantes, on marque près du bord extérieur, avec la pointe très fine d'un crayon, le 58° degré. Il ne reste plus qu'à ôter le rapporteur et à mener la droite par les deux points.

DIVISER UN ANGLE EN DEUX PARTIES ÉGALES.

PROBLÈME N° 11.

Soit l'angle donné C (*figure* 44) à diviser en deux parties égales.

Du point C, sommet de l'angle, pris comme centre, avec une ouverture de compas

Fig. 44.

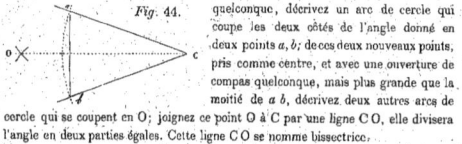

quelconque, décrivez un arc de cercle qui coupe les deux côtés de l'angle donné en deux points *a*, *b*; de ces deux nouveaux points, pris comme centre, et avec une ouverture de compas quelconque, mais plus grande que la moitié de *a b*, décrivez deux autres arcs de cercle qui se coupent en O; joignez ce point O à C par une ligne C O, elle divisera l'angle en deux parties égales. Cette ligne C O se nomme bissectrice.

On conçoit facilement que, si l'on voulait diviser l'angle en un plus grand nombre de parties égales, il suffirait d'opérer sur les nouveaux points des divisions comme il a été fait sur les points *a* et *b*.

DU TRACÉ DES PARALLÈLES.

PROBLÈME N° 12.

Le point par lequel une droite doit être conduite parallèlement à une droite connue étant donné et devant toujours l'être, toute la construction consiste à déterminer un second point. On y parvient par plusieurs procédés. Voici les plus utilisés.

1er *Tracé*. — Le point P et la droite A B étant donnés, prenez une ouverture de

P   Fig. 45.   D

A   O   C   B

compas quelconque P C, et du point C, pris sur A B, décrivez d'abord l'arc P O; puis, vous reportant en P, décrivez, avec le même rayon, un arc visiblement plus grand que le premier, et qui devra passer par le point C; prenez la grandeur de l'arc P O pour la reporter de C en D.

La droite qui passera par les points P et D sera parallèle à A B; car si on menait une droite O D, elle serait transversale et les angles D O C, D O P seraient égaux comme alternes internes.

Problème N° 13.

2ᵉ *Tracé.* — La droite A B et le point P étant donnés, menez, sous un angle quelconque M A B, une droite indéfinie M N, posez les deux branches de la fausse équerre sur les deux côtés de cet angle, et descendez l'instrument le long de M N, jusqu'à ce que le bord qui touchait A B touche le point P; puis glissez un crayon le long de ce bord, la droite O P sera la parallèle demandée, car les angles M A B, M O P sont égaux comme correspondants. Ce tracé ne s'emploie que dans les arts.

Fig. 46.

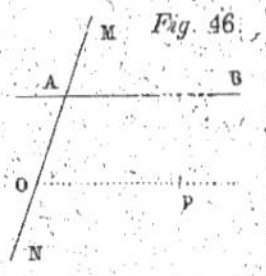

Problème N° 14.

3ᵉ *Tracé.* — Appliquez l'un des côtés de l'angle droit d'une équerre plate le long de la droite donnée, et posez contre l'autre côté une règle plate; pendant que la main gauche tient cette règle immobile sur le dessin, faites glisser l'équerre le long de son bord jusqu'à ce qu'elle soit arrivée au point P, en fixant les deux instruments l'un contre l'autre avec la même main, vous aurez une droite parallèle à la droite donnée.

PARTAGE DES DROITES EN PARTIES ÉGALES.

Problème N° 14 bis.

Soit la ligne donnée A B (*figure 47*) qu'il s'agit de diviser en deux parties égales.

Fig. 47.

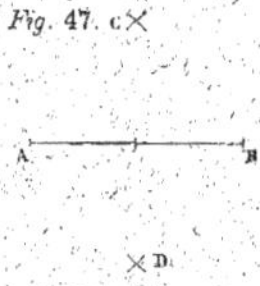

Des points A et B, pris comme centres, décrivez quatre arcs de cercle, deux au-dessus et deux au-dessous de la ligne donnée, ayant même rayon, mais plus grands que la moitié de A B; ces arcs se couperont en C et en D. Si l'on joint ces deux points par une ligne C D, cette droite partagera la ligne A B en deux parties égales et, de plus, lui sera perpendiculaire.

On démontre en théorie que tous les points d'une perpendiculaire élevée sur le milieu d'une ligne sont à égale distance des extrémités de cette ligne.

Problème N° 15.

Partager une droite donnée en autant de parties égales que l'on voudra.

Fig. 48.

Soit la ligne donnée A B (*figure 48*) que l'on doit diviser en cinq parties égales.

Par l'extrémité A de la droite A B, menez une autre droite indéfinie A X qui formera avec celle-ci un angle quelconque B A X; sur cette dernière ligne, et de A vers X, portez cinq ouvertures de compas égales entre elles. Menez le dernier point de division C au point B par la ligne C B, et de tous les points p' o' n' m', tracez des parallèles à la ligne BC; ces parallèles viendront rencontrer la ligne A B aux points p o n m et la diviseront en cinq parties égales.

Problème N° 16.

Partager une droite A B, de longueur déterminée, en autant de parties qu'une autre droite C D est elle-même partagée, et de telle manière que les parties de la première soient respectivement proportionnelles à celles de la seconde.

Fig. 49.

Du point C, pris comme centre, décrivez un arc de cercle égal à C D; du point D, pris comme centre, et avec le même rayon, coupez le premier arc au point O; tirez les lignes O C, O D, qui seront égales comme rayons. Du point O, pris comme centre, et avec un rayon égal à A B, décrivez un arc de cercle qui coupera O C et O D de A en B, et joignez ces deux points par une corde A B. Cette droite sera parallèle à C D, égale à O A et par conséquent à O B; puis, joignant le sommet O avec les points m, n, p, la droite A B se trouvera divisée selon A m', m' n', n' p', p' B, respectivement proportionnelles à C m, m n, n p, p D; de telle sorte qu'on aura cette formule :

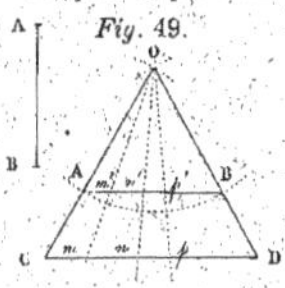

$$C m : A m' :: m n : m' n' :: n p : n' p' :: p D : p' B.$$

Problème N° 17.

Partager une droite donnée A B en parties proportionnelles à deux droites données m, n.

Fig. 50.

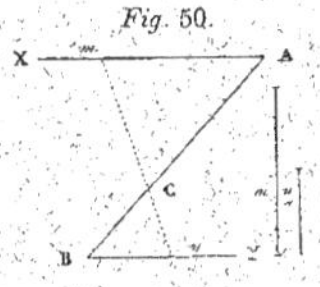

Aux extrémités A B de la droite, tracez, en sens contraires, deux droites parallèles entre elles A X, B Y, et prenez sur l'une une grandeur = m et sur l'autre une grandeur = n; menez m n; cette droite, en coupant A B au point C, déterminera deux parties A C, C B, respectivement proportionnelles aux droites données m, n. Donc A C : C B :: m : n, ou bien A C : m :: C B : n.

Fig. 51.

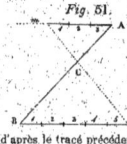

SCHOLIE. Par ce tracé, on peut partager une droite en deux parties proportionnelles à des nombres donnés. Par exemple, si la droite A B devait être divisée en deux parties qui fussent entre elles comme 3 : 5, on porterait sur A X trois divisions égales, et sur B Y cinq divisions égales; et menant $m\,n$, le point C serait le point de division cherché. En effet, on a, d'après le tracé précédent :

$$A C : C B :: m : n; \text{ mais aussi}$$
$$m : n :: 3 : 5; \text{ donc}$$
$$A C : C B :: 3 : 5, \text{ et c'est ce qu'il fallait démontrer.}$$

CONSTRUCTION DES LIGNES DROITES.

Il y a plusieurs cas.

PROBLÈME N° 18.

1er *Cas.* — Construire une droite égale à la somme de plusieurs autres.

Soit les trois droites a, b, c, que l'on veut réunir en une seule (*figure* 52). Tracez

Fig. 52.

d'abord au crayon une droite indéfinie A N, et, avec un compas à pointes sèches, reportez d'abord a de A en B, puis reportez b de B en C, et reportez c de C en D; la longeur totale A D sera la somme des trois lignes données a, b, c.

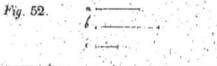

PROBLÈME N° 19.

2e *Cas.* — Construire une ligne égale à la différence de deux autres.

Fig. 53.

Sur une droite indéfinie A N (*fig.* 53) tracez d'abord une grandeur A B égale à a, puis, de A en C, reportez la grandeur b; la distance C et B sera la différence ou l'excès d'une ligne sur l'autre.

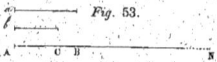

PROBLÈME N° 20.

3e *Cas.* — Chercher le rapport numérique entre deux lignes données.

Quand, sur un dessin, vous présentez un kutsch devant deux droites, vous trouvez, je suppose, que l'une = 25 millimètres et l'autre 8; vous dites, alors, qu'elles sont dans le rapport de 25 à 8. Ce rapport est *commensurable*, et vous l'exprimez par $\frac{25}{8}$. Le vernier vous fait apprécier encore des rapports entre des parties de millimètre. Mais, quand les instruments ne permettent pas d'établir un rapport qui

puisse être représenté exactement par des chiffres, on dit que le rapport est *incommensurable*. Cependant on conçoit qu'il n'en existe pas moins un rapport quelconque, et vous êtes naturellement amené à présenter ici les raisonnements que l'on a coutume de faire quand on cherche un commun diviseur à deux nombres.

Supposons que le rapport soit commensurable. Voici comme on l'obtient.

Soient les lignes A B, C D.

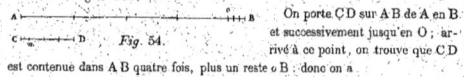

Fig. 54.

On porte C D sur A B de A en B et successivement jusqu'en O; arrivé à ce point, on trouve que C D est contenue dans A B quatre fois, plus un reste o B : donc on a

$$A B = 4 C D + O B.$$

On porte ce reste O B sur C D de D en C, et l'on trouve que O B y est contenu trois fois, plus C n, d'où l'on a

$$C D = 3 O B + C n.$$

Enfin on reporte C n de O en B, et on trouve qu'il y est contenu trois fois; ce qui donne O B = 3 C n.

Or C n sera la commune mesure, ou diviseur commun aux droites A B, C D.

CONSTRUCTION DES TRIANGLES.

PROBLÈME N° 21.

1er *Cas.* — Trois côtés a, b, c, d'un triangle étant donnés, construire le triangle.

Tracez d'abord une droite indéfinie M N; sur cette droite, portez une grandeur

Fig. 55.

A B égale au côté donné c; puis, du point A pris comme centre, avec un rayon égal au second côté b, décrivez un arc de cercle, et du point B avec un rayon égal au troisième côté a, décrivez un second arc de cercle qui viendra couper le premier au point C; ce point C sera le sommet du triangle cherché, et les lignes A C, B C en seront les côtés (*figure* 55).

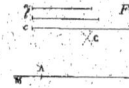

PROBLÈME N° 22.

Fig. 56.

2e *Cas.* — Étant donnés un angle O et deux côtés a, b comprenant cet angle (*figure* 56), construire un triangle.

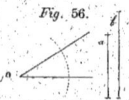

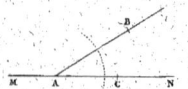

Sur une droite indéfinie M N, faites, en un point quelconque A, un angle égal à l'angle donné O; sur les deux côtés de cet angle, prenez A C = a et A B = b. La droite B C, qui joindra les deux points B et C, formera le triangle demandé.

PROBLÈME N° 23.

3° *Cas.* — Étant donnés un côté a et deux angles adjacents aux extrémités de ce côté, construire le triangle (*figure* 56).

Sur une droite indéfinie M N on prendra d'abord une grandeur, A C, égale au côté donné a; puis, à chaque point A et C, on reportera les deux angles donnés, en dirigeant les côtés l'un vers l'autre, et le point où ils se rencontreront sera le sommet du triangle cherché.

De ces trois tracés il résulte qu'un triangle quelconque est connu quand on connaît ses trois côtés, ou bien quand on connaît un côté et les deux angles adjacents à ce côté, enfin quand on connaît deux côtés et l'angle compris entre ces côtés.

DIVISION DES TRIANGLES.

PROBLÈME N° 24.

1er *Cas.* — Par un point donné sur un des côtés d'un triangle, partager la figure en deux parties équivalentes (*figure* 57).

Soit un triangle B A C et le point donné O sur la base B C. Si le point O était le

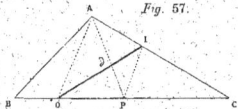
Fig. 57.

milieu du côté B C comme le point P, il suffirait de mener la droite A P, et les deux triangles B A P, P A C seraient équivalents, comme ayant même hauteur et mêmes bases; mais, puisque le point O n'est pas le milieu de B C, le triangle devra

être partagé en deux parties équivalentes, dont l'une sera un triangle O I C, l'autre un quadrilatère B A I O.

CONSTRUCTION. Cherchez le milieu P du côté B C, et menez A P et A O; puis menez par le point P une parallèle à A O qui coupe le côté A C en I; puis, enfin, menez O I; le quadrilatère A B O I sera égal au triangle O I C. En effet, les deux triangles O A P, O A I ont même base A O et même hauteur; on laisse dans le quadrilatère une portion A O d qui est commune aux deux triangles, et l'on substitue à d O P la portion d A I qui lui est équivalente; et puisque les deux triangles A P B, A P C étaient égaux, les deux figures A B O I et O I C doivent l'être aussi.

PROBLÈME N° 25.

2° *Cas.* — Par un point pris sur l'un des côtés du triangle, partager la figure en trois ou quatre parties équivalentes.

Sans qu'il soit besoin de figure, on conçoit le procédé: partagez d'abord le côté sur lequel est pris le point donné, en autant de parties égales que vous voulez faire de parties équivalentes dans la figure, et, menant des droites qui partent toutes du sommet opposé, vous aurez formé autant de triangles équivalents. Cela fait, vous opérerez pour chacun de ces triangles, moins un, comme nous venons de le faire dans l'exemple précédent.

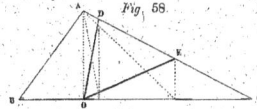
Fig. 58.

La *figure* 58 représente un triangle partagé en trois parties équivalentes par un point O, pris sur le côté B C; A B O D, D O E, E O C sont équivalents.

PROBLÈME N° 25 bis.

3° *Cas.* — Partager un triangle en un certain nombre de parties équivalentes par des droites menées parallèlement à l'un des côtés.

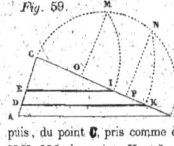
Fig. 59.

Soit A B C (*figure* 59) le triangle donné à partager en trois parties équivalentes par des droites menées parallèlement à l'un des côtés.

Partagez le côté C B en trois parties égales C O, O P, P B; sur C B, pris comme diamètre, décrivez une demi-circonférence et, par les points O et P, élevez des perpendiculaires sur ce diamètre; puis, du point C, pris comme centre, avec les rayons C N, C M, décrivez les arcs N K, M I; les points K et I seront ceux par lesquels vous devrez mener des parallèles au côté A B; et les trois parties, savoir: le trapèze A B D K, le trapèze D K I E, et le triangle E I C, seront équivalentes.

DES POLYGONES RÉGULIERS ET DE LEUR CONSTRUCTION GÉOMÉTRIQUE.

PROBLÈME N° 26.

Étant données deux diagonales d'un losange, construire la figure.

Tracez d'abord deux droites indéfinies M N et P Q se coupant à angle droit. De

Fig. 60.

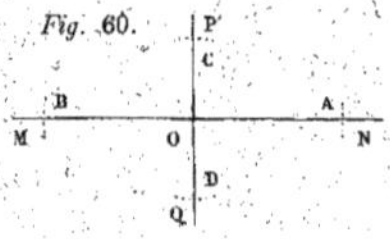

chaque côté du point d'intersection O, prenez sur M N une grandeur O B, O A égale à la moitié de cette diagonale ; de chaque côté du même point O, portez sur P Q une moitié de cette diagonale, O C, O D ; puis, joignez par des droites les quatre points A, C, B, D ; la figure sera le losange demandé.

Problème N° 27.

Étant donné le côté d'un carré, construire le carré.

Sur une droite indéfinie M N (*figure* 61), prenez d'abord une grandeur A B égale au côté donné ; des points A et B, avec un rayon égal à A B, décrivez deux grands arcs

Fig. 61.

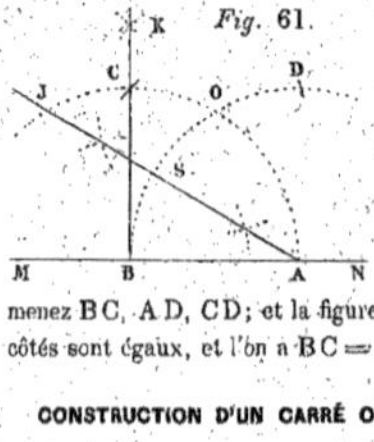

de cercle qui se coupent en O ; partagez O B en deux parties égales, au point S, et menez A S, que vous prolongerez suffisamment pour qu'il rencontre en J l'arc décrit de A en O ; partagez J O en deux parties égales par deux arcs de cercle se coupant en K, et décrits des points J, O, pris comme centre ; ou, plus simplement encore, portez B S de O en C et de O en D ; menez B C, A D, C D ; et la figure A B C D sera le carré demandé, car les quatre côtés sont égaux, et l'on a B C = B A = C D = D A.

CONSTRUCTION D'UN CARRÉ OU QUADRILATÈRE INSCRIT DANS UN CERCLE.

Problème N° 28.

Pour construire un carré dans un cercle, il suffit de mener deux diamètres qui se coupent à angle droit, et de joindre, par des droites, leurs points d'intersection avec le cercle (*figure* 62).

Fig. 62.

Ceci est facile à prouver ; car les droites A C, C B, B D, D A, qui joignent leurs extrémités, sont des cordes qui sous-tendent chacune un quart de la circonférence, et qui, par conséquent, sont égales. Le quadrilatère A B C D a donc ses quatre côtés égaux ; ses quatre angles sont pareillement égaux ; puisque chaque angle, tel que A C B, est inscrit, et comprend entre ses côtés la moitié de la circonférence ; donc il a pour mesure le quart de la circonférence, et est un angle droit.

Nous avons démontré précédemment que *le rayon perpendiculaire à une corde divise cette corde et l'arc sous-tendu, chacun en deux parties égales.* Par conséquent, si (*figure* 62) du centre O on abaisse des rayons, O M, O N, O K, O H, perpendiculaires sur les côtés du carré inscrit, on divisera en deux parties égales chacun des arcs sous-tendus et on aura arc A M = arc M C = arc C N, etc. Cette division de la circonférence en huit parties formera l'*octogone* inscrit. On obtiendrait la division en seize parties en divisant chacun des côtés de l'octogone régulier en deux parties, comme il vient d'être fait pour les côtés du carré ; et ainsi de suite pour toutes les divisions en nombre double pair.

CONSTRUIRE UN HEXAGONE RÉGULIER.

Problème N° 29.

Pour construire un hexagone régulier (*figure* 62), il suffit de décrire un cercle et de sous-tendre toutes les parties de sa circonférence par des cordes égales au rayon ;

Fig. 63.

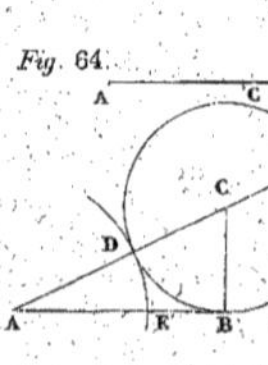

ce qui est la même chose que de porter le rayon six fois sur la circonférence, et joindre les points deux à deux par des lignes ; par cette simple opération, on aura l'hexagone cherché.

Pour construire le dodécagone ou polygone de douze côtés, il suffit de diviser les côtés de l'hexagone en deux comme il a été dit *figure* 62.

Au moyen de l'hexagone régulier on peut construire aussi un triangle équilatéral, c'est-à-dire un polygone régulier de trois côtés ; pour cela, il suffit de joindre deux à deux, par des lignes, les angles de l'hexagone.

CONSTRUCTION DU DÉCAGONE, DU PENTAGONE ET DU PENTÉDÉCAGONE.

Fig. 64.

Problème N° 30.

La construction du décagone exige la solution préalable du problème que voici :

Partager une droite donnée en moyenne et extrême raison, c'est-à-dire en deux parties telles que le rectangle de la plus petite partie, multiplié par la ligne entière, soit égal au carré construit sur la plus grande. Ainsi, par exemple, si A B (*figure* 64) est la ligne entière, et C le point de division qu'il faut trouver, on devra avoir :

$$AB \times CB = AC^2.$$

Soit donc A B, qu'il s'agit de partager en moyenne et extrême raison. Sur l'une des extrémités B de la droite A B, élevez une perpendiculaire et prenez B C = ½ A B. Du point C, pris comme centre, et d'un rayon égal à C B, décrivez une circonférence tangente à A B; menez A C, qui coupe la circonférence en D; puis rabattez le point D en E par un arc de cercle, D E, décrit du point A, pris comme centre; les deux parties A E, E B seront : l'une la moyenne, et l'autre l'extrême de la proportion demandée; car on aura : A B : A E :: A E : E B. D'où l'on tire AB $\times$ EB = AE², ce que la géométrie théorique démontre.

Problème Nº 31.

Pour obtenir le *pentagone*, on joint par des cordes les divisions paires ou impaires marquées sur la circonférence pour le décagone (*figure 64*).

Au contraire, pour avoir un polygone de vingt côtés, il suffirait de partager l'arc sous-tendu par le côté du décagone en deux parties égales.

Problème Nº 32.

Fig. 65.

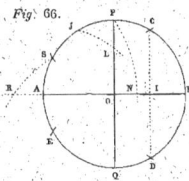

Pour inscrire un *pentédécagone*, on inscrit d'abord au même cercle le côté d'un hexagone et celui d'un décagone, et la différence entre les deux arcs sous-tendus par les deux côtés est l'arc qui sera sous-tendu par le côté du *pentédécagone*. Ainsi : A C = B C — A B sera l'arc, et la corde A C sera le côté. B C = ⅙ de la circonférence, comme AB = ¹⁄₁₀.

DE LA DIVISION DE LA CIRCONFÉRENCE DU CERCLE.

On est convenu de diviser la circonférence du cercle en quatre parties égales, et chacune de ces parties en quatre-vingt-dix autres parties que l'on nomme *degrés*; la circonférence du cercle contient donc 360 degrés; le degré se subdivise en 60 *minutes*; la minute en 60 *secondes*; la seconde en 60 *tierces*; la tierce en 60 *quartes*; et ainsi de suite.

Le degré, la minute, la seconde, la tierce et la quarte se désignent et s'expriment ainsi :

Le degré par un petit zéro placé à la droite et un peu au-dessus du chiffre qui doit en exprimer le nombre; ainsi, on exprime vingt-cinq degrés : 25°.

La minute s'indique par une virgule placée aussi à la droite et un peu au-dessus du chiffre; la seconde par deux virgules; la tierce par trois virgules, et la quarte par quatre virgules :

Ainsi, 25′, 30″, 50‴, 40⁗, signifient vingt-cinq minutes; trente secondes, cinquante tierces, quarante quartes.

DIVISIONS DU CERCLE EN PLUSIEURS PARTIES ÉGALES.

D'après ce que nous avons déjà dit, il sera facile de démontrer sans figure la division du cercle en 2, 3, 4, 6, 8, 12, 16, etc., parties égales.

Nous dirons seulement que le cercle est divisé en deux par son diamètre; en quatre, par deux diamètres qui se coupent à angle droit; en huit, en divisant encore en deux la division obtenue en quatre; et ainsi de suite. La division du cercle en trois parties égales s'obtient en portant le rayon six fois sur la circonférence, et joignant les points deux à deux; celle en six, en portant, ainsi que nous venons de le dire, le rayon six fois sur la circonférence, ce qui donne un hexagone; celle en douze, en divisant en deux chaque côté de cet hexagone. Nous avons dit précédemment, aux polygones, comment on obtient le pentagone, le pentédécagone, le dodécagone, nous n'y reviendrons pas. Seulement nous allons poser divers problèmes dans une même figure, ce qui suffira pour offrir plusieurs solutions.

PARTAGER UNE CIRCONFÉRENCE EN SEPT PARTIES.

Problème Nº 33.

Fig. 66.

1° A la circonférence donnée (*figure 66*), menez un diamètre A B, et de l'extrémité B, prise comme centre, décrivez, avec un rayon égal à celui du cercle, deux petits arcs qui coupent la circonférence en C et en D;

2° Menez C D, qui sera partagé au point I en deux parties égales par le diamètre : C I sera la corde d'un polygone régulier de sept côtés qui pourrait être inscrit au cercle. Ce polygone est un *eptagone*.

PARTAGER UNE CIRCONFÉRENCE EN NEUF PARTIES ÉGALES.

Problème Nº 34.

Menez (*figure 66*) un diamètre A B, que vous prolongerez par l'une de ses ex-

3

trémités A ; menez un second diamètre P Q perpendiculaire au premier ; du point P, pris comme centre, et avec un rayon égal à celui du cercle, coupez par un arc de cercle la circonférence au point S; du point Q, pris comme centre, et avec Q S pour rayon , décrivez l'arc S R qui coupera le prolongement de A B au point R ; du point R, pris comme centre, et R P pour rayon, décrivez l'arc P N qui coupera le diamètre A B au point N : la longueur B N sera la longueur d'un polygone inscrit de neuf côtés égaux ; on l'appelle *ennéagone.*

DIVISER UNE CIRCONFÉRENCE EN ONZE PARTIES ÉGALES.

PROBLÈME N° 35.

1° Menez (*figure* 66) deux diamètres AB, PQ perpendiculaires l'un à l'autre ;

2° D'un rayon égal à celui du cercle donné, et des points Q et A, pris comme centres, coupez par un petit arc la circonférence aux points E et J ;

3° Du point E, pris comme centre, et E J pour rayon , décrivez l'arc J L qui coupe le diamètre P Q au point L : la distance J L, c'est-à-dire la corde qui sous-tendrait cet arc, sera le côté d'un polygone de onze côtés qui pourra être inscrit à la circonférence et que l'on appelle *endécagone.*

Il serait facile de donner beaucoup d'autres divisions de la circonférence ; mais le problème suivant répond à toutes les questions.

PARTAGER UNE CIRCONFÉRENCE EN TEL NOMBRE DE PARTIES QUE L'ON VOUDRA.

PROBLÈME N° 36.

Soit une circonférence dont AB serait le diamètre (*figure* 67).

Fig. 67.

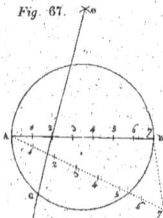

1° Partagez ce diamètre en autant de parties égales que la circonférence doit elle-même être divisée (*voyez la division de la ligne*) ;

2° Des extrémités A et B, décrivez d'un même côté du diamètre, avec un rayon égal à ce diamètre même, deux arcs de cercle qui se coupent au point O ;

3° Par le point O et la deuxième division du diamètre , à partir de l'une des extrémités A, faites passer une droite qui coupera la circonférence en un point C : l'arc compris entre le point A et le point C sera la division demandée.

Dans la figure on a pris un septième et A C est le côté d'un *eptagone.*

INSCRIRE UN CERCLE DANS UN TRIANGLE.

PROBLÈME N° 37.

Soit le triangle A B C (*figure* 68) dans lequel on désire inscrire un cercle.

Fig. 68.

Divisez les trois angles A , B , C du triangle A B C par trois droites B O, A O, C O ; ces trois droites se rencontrent en un point O , situé dans le triangle ; puis , de ce point O , menez une perpendiculaire sur chacun des côtés du triangle, O P perpendiculaire sur A C. O M perpendiculaire sur AB, et O N perpendiculaire sur B C ; ces trois perpendiculaires sont égales, et la circonférence dont O sera le centre passera par ces trois points ; les lignes AB, BC, CA, côtés du triangle circonscrit, seront tangentes à la circonférence.

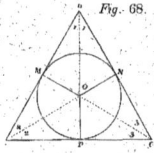

PAR TROIS POINTS DONNÉS, NON EN LIGNE DROITE, ON PEUT TOUJOURS FAIRE PASSER UNE CIRCONFÉRENCE DE CERCLE.

PROBLÈME N° 38.

Soient (*figure* 69) trois points A, B, C, je les joins par deux lignes A B, B C ; puis par les points M, N, milieu de A B et B C, je mène deux perpendiculaires M O,

Fig. 69.

N O : ces deux perpendiculaires se coupent en O. Ce point O sera le point de centre cherché. En effet, si de ce point pris comme centre, avec une ouverture de compas égale à Q A, O B ou O C, on décrit une circonférence, elle passera par les trois points donnés.

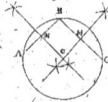

De cette propriété découle cette conséquence : que le centre d'un cercle étant perdu il serait facile de le retrouver ; il suffirait de prendre à volonté trois points sur la circonférence et d'opérer comme il vient d'être dit dans le problème précédent.

DÉTERMINER GÉOMÉTRIQUEMENT LE POINT DE TANGENTE D'UNE DROITE AVEC UNE CIRCONFÉRENCE.

PROBLÈME N° 39.

Le cercle E et la tangente AB étant donnés (*figure* 70), il faut joindre au centre

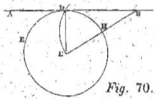

Fig. 70.

l'un des points, B par exemple, de la tangente par une ligne B E; la rencontre de cette droite avec le cercle déterminera le point H : si, de ce point pris comme centre, avec un rayon égal à celui de la circonférence donnée, on décrit un second arc de cercle, ce cercle viendra couper la tangente en un point D, lequel sera le point de contact cherché. Si l'on joint le centre E par une ligne E D, elle sera perpendiculaire à la tangente; car ce rayon E D formera avec elle un angle droit qui aura pour mesure la moitié de la circonférence.

MENER DEUX TANGENTES A UNE CIRCONFÉRENCE PAR DEUX POINTS DONNÉS.

PROBLÈME N° 40.

Fig. 71.

Soit (figure 71) un point T pris hors du cercle A O. Pour mener de ce point deux tangentes au cercle A O, je mène O T; et, sur cette droite O T, considérée comme diamètre, je décris le cercle C O. Ce cercle coupe l'autre cercle en M, m'. Les droites M T et m' T sont les deux tangentes cherchées; car, si l'on mène les cordes O M et O m', on a deux triangles rectangles T M O, T m' O; les droites T M et T m' sont perpendiculaires aux extrémités des rayons O M, O m'.

MENER UNE TANGENTE A DEUX CERCLES DONNÉS.

PROBLÈME N° 41.

Si les deux cercles sont de même diamètre, il n'y a pas de difficulté; mais si les deux cercles donnés sont de diamètres inégaux, tels que les cercles O T, C T'

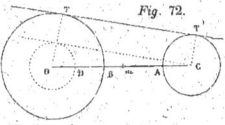

Fig. 72.

(figure 72), voici un procédé qui peut convenir, quelle que soit la grandeur du plan sur lequel sont situés les deux cercles :

Menez la ligne des centres C O, cherchez-en le milieu m; sur la partie B O de cette ligne, et de B en O, prenez B D = C A, et, avec O D, tracez une circonférence concentrique à la plus grande; Du point C menez une tangente à la circonférence O D. Joignez le centre O avec le point de tangence par une droite que vous prolongerez jusqu'en T sur la grande circonférence; par le centre C du cercle C T' menez une parallèle à O T jusqu'en T' : les points T T' seront les deux points de tangence, et la droite T T' formera, avec la tangente de construction et les deux parallèles, un parallélogramme rectangle.

On voit qu'il serait possible de tracer une tangente symétrique à celle qui vient d'être trouvée.

Quelquefois aussi la tangente, toute commune qu'elle est aux deux cercles donnés, doit joindre les deux extrémités opposées des diamètres parallèles, et couper la ligne des centres en un point que l'on nomme *centre de similitude*. Nous donnons le tracé de cette figure.

Soient les deux cercles C I, O H.

Menez la ligne des centres C O; au rayon O B, du plus grand cercle, ajoutez B A = C D rayon du plus petit cercle; avec O A pour rayon, décrivez

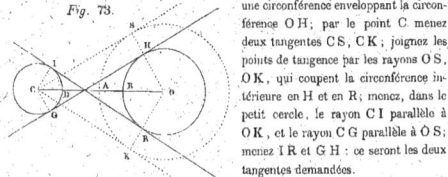

Fig. 73.

une circonférence enveloppant la circonférence O H; par le point C menez deux tangentes C S, C K; joignez les points de tangence par les rayons O S, O K, qui coupent la circonférence intérieure en H et en R; menez, dans le petit cercle, le rayon C I parallèle à O K, et le rayon C G parallèle à O S; menez I R et G H : ce seront les deux tangentes demandées.

DE L'ELLIPSE.

L'ellipse est une courbure composée de plusieurs arcs de cercle, décrits de divers centres, et disposés de telle sorte que leur ensemble forme un ovale (figure 74).

PROBLÈME N° 41 bis.

Pour tracer une ellipse, prenons un fil dont la longueur soit égale à la droite A B (figure 74). Attachons les deux extrémités de ce fil aux deux points fixés F et f pris sur un plan et éloignés l'un de l'autre d'une distance F f moindre que la longueur du fil A B. On peut voir

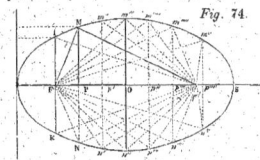

Fig. 74.

facilement que, dans cet état, le fil n'est point tendu; mais nous pouvons le tendre, sur le plan, au moyen d'un poinçon ou style qui le tire, par exemple, du point M.

Les deux extrémités du fil étant fixées, l'une au point F, et l'autre au point f, le style, qui tient le fil tendu en le tirant du point M, divise sa

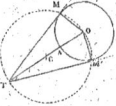

longueur en deux parties FM, M f dont la somme est égale à A B, longueur totale du fil. Par conséquent on a : FM + f M = A B. Mais, au lieu de tendre le fil en le tirant du point M, par le moyen du style, on peut le tendre en tirant de tout autre point, m' m'' m''', etc., N, n' n'' n''', etc., pris sur le même plan ; et, puisque les extrémités du fil restent toujours fixés aux points F, f', et que la longueur de ce fil reste invariablement égale à A B, si le style qui le tient tendu est successivement placé aux points M, m', m'', m'''....., B, n', n'', n''', n'', K, A, i... on aura F m' + m' f' = F m'' + m'' f' = F m''' = m''' f' = ... FB + Bf' = Fn' + n' f' = Fn''' + n''' f' = ...FN + Nf' = FK + Kf' = F A + Af' = ... = A B.

Par conséquent, si, au lieu de transporter d'un point à un autre successivement le style qui tend le fil, on le fait glisser sur le plan autour des points fixes F, f', en tenant le fil toujours tendu, ce style passera par les points M, m', m'', m'''..... B, n', n'', n'', n'', n', N, K, A, et décrira, par ce mouvement continu, une courbe de forme ovale plus ou moins allongée, qu'on appelle une *ellipse*.

Si les deux points F, f', auxquels les deux extrémités du fil sont restées invariablement fixées, se trouvent situés sur l'axe des x, la courbe doit être divisée, par rapport à cet axe, en deux parties égales et symétriques ; en effet, d'après la description, il est évident que, si on la pliait dans le sens de A X, la partie supérieure A M B coïnciderait parfaitement avec la partie inférieure A N B.

La droite A B, qui divise l'ellipse en deux parties égales, dans le sens de sa plus grande longueur, est ce qu'on appelle le *grand axe de l'ellipse*. Les deux points fixés F f' sur le grand axe, autour desquels s'est fait le mouvement de description, s'appellent *foyers* de l'ellipse. La distance F, f', des *deux foyers* est ce qu'on appelle l'*excentricité*. Les points A et B, extrémité du *grand axe* A B, sont les *sommets* de l'ellipse.

Si le point O est le milieu du *grand axe* A B, on a A O = BO, O F = Of', A F = f' B ; et la perpendiculaire m' n', menée au grand axe par le point O, est ce qu'on appelle le *petit axe* de l'ellipse. Le *petit axe* divise l'ellipse en deux parties égales et symétriques ; et, si l'on pliait la figure dans le sens de m' n', la partie m' A n' coïnciderait parfaitement avec la partie m' B n'.

Pour chaque point de la courbe, dans une ellipse, la somme des distances aux deux foyers est constamment la même.

La distance d'un point quelconque de la courbe à l'un des foyers est appelée *rayon vecteur* ; M F est un *rayon vecteur*, Mf' est un autre *rayon vecteur*, et la somme de ces deux rayons vecteurs est égale au grand axe. D'où il faut conclure que, dans l'ellipse, *pour chaque point de la courbe, la somme des deux rayons vecteurs est toujours la même*.

CONSTRUIRE UNE ELLIPSE DITE A ANSE DE PANIER.

PROBLÈME N° 42.

L'*anse de panier* est la moitié d'une courbe que l'on appelle à tort *ovale*, mais qui doit être nommée *ellipse*. L'anse de panier n'est bien que la moitié d'une ellipse, puisqu'il suffirait d'exécuter de l'autre côté de A B la même construction pour compléter la courbe ; l'ellipse pourrait alors être appelée : une *courbe à quatre centres*.

Soit la ligne donnée A B (*figure* 75), sur laquelle on veut tracer une courbe dite à anse de panier.

Divisez la ligne donnée A B en trois parties égales, de telle sorte que vous ayez A C = C C' = C'B. Des points C et C' pris comme centres, et avec un rayon égal à CC', décrivez des arcs de cercle se coupant en O et O' ;

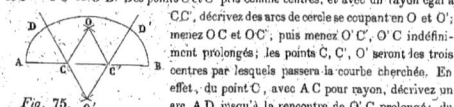

Fig. 75.

menez O C et OC' ; puis menez O'C', O' C indéfiniment prolongés ; les points C, C', O' seront les trois centres par lesquels passera la courbe cherchée. En effet, du point O, avec A C pour rayon, décrivez un arc A D jusqu'à la rencontre de O' C prolongé ; du point C' avec le même rayon, décrivez l'arc B D' jusqu'à la rencontre de O' C prolongé ; enfin, du point O', pris comme centre, avec un rayon égal à O' D, décrivez l'arc D O D', et la courbe A D O D' B sera la courbe cherchée.

On peut encore obtenir cette courbe de la manière suivante.

PROBLÈME N° 43.

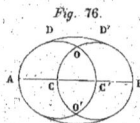

Fig. 76.

Soit la ligne donnée A B (*figure* 76).

Des points C et C', pris comme centres, et avec un rayon égal à CA, ou CC', ou C'B, décrivez deux cercles qui se coupent en O et O' ; puis, vous plaçant en O', décrivez, avec un rayon égal à C'A, un arc D D', et de O, décrivez un autre arc, symétrique de DD' ; la courbe sera complète.

DES ELLIPSOÏDES.

PROBLÈME N° 44.

On nomme ellipsoïde une courbe plus allongée que l'ellipse. Le tracé des ellipses allongées est d'un usage fréquent ; il y en a de plusieurs formes.

1° Soit une ligne A D (*figure* 77), construire une ellipsoïde sur cette ligne, qui en sera le grand axe. Partagez la droite A D en quatre parties égales, et sur le centre de similitude O, élevez une perpendiculaire P Q ; prenez O J, O I = O b ; puis,

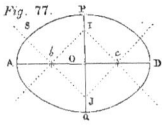

Fig. 77.

des points I, J, menez quatre droites se coupant deux à deux aux points *b* et *c*; de ces deux derniers points, pris comme centres, avec un rayon *c* D, décrivez les deux arcs extrêmes passant par les points A et D et s'arrêtant aux droites prolongées, et complétez la courbe par deux arcs décrits des points I et J, pris comme centres, avec *c* J S pour rayon.

PROBLÈME N° 45.

2° L'axe A D (*figure 78*) étant le même que dans la figure qui précède, partagez-le en cinq parties égales. Des points *b* et *c*, pris comme centres, et avec un rayon égal à *b c*, décrivez de petits arcs de cercle se coupant en O et O'; menez O *b*, O *c*, O' *b*, O' *c*, suffisamment prolongés; des points *b* et *c*, pris comme centres, et avec un rayon *c* D, décrivez deux arcs extrêmes passant par les points A et D; arrêtez-les aux deux droites prolongées; puis, des points O, O', avec un rayon égal à O'S, raccordez les deux arcs de cercle et fermez la courbe.

PROBLÈME N° 46.

Soit le même axe A D (*figure 79*). Partagez-le en huit parties égales; des points *b*, *c*, pris comme centres, et avec un rayon égal à *b c*, décrivez deux arcs de cercle se coupant en O et O'; menez O *b*, O *c*, O' *b*, O' *c*, prolongés, et terminez la courbe comme pour la figure 78.

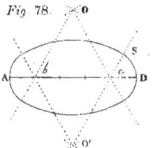

Fig. 78.

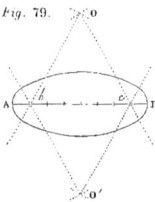

Fig. 79.

MENER UNE TANGENTE A UNE ELLIPSE.

Soit un point M (*figure 80*) pris sur l'ellipse dont le grand axe est A D; pour faire passer par le point M une tangente à la courbe, prolongez le rayon vecteur *f'* M jusqu'en un point E; de telle sorte que le prolongement M E soit égal à l'autre rayon vecteur M F. Joignez le point E au point F par une droite E F. Le triangle E M F sera un triangle isocèle; or, nous savons que, *dans* tout triangle isocèle, la perpendiculaire abaissée du sommet sur la base divise la base en deux parties égales. Par le sommet M du triangle isocèle E M F, menez M T perpendiculairement à la base E F; M T, n'ayant de commun avec la courbe que le point M, sera la tangente à l'ellipse.

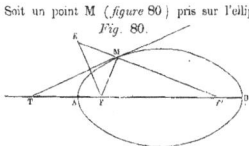

Fig. 80.

DESSINER UN OVALE.

PROBLÈME N° 47.

L'ovale est souvent confondu, et c'est à tort, avec l'ellipse; l'ovale est une courbe fermée, allongée en ellipse par une des extrémités de son grand axe, tandis que l'autre extrémité correspond à une demi-circonférence.

Soit A B le petit axe de l'ovale à tracer (*figure 81*).

Sur A B, comme diamètre, décrivez une circonférence; tracez un diamètre perpendiculaire sur le milieu de A B, et prolongez-le suffisamment par l'une de ses extrémités C; Menez A C, B C, et prolongez-les suffisamment; des points A et B, pris comme centres, et avec un rayon égal à A B, décrivez deux arcs de cercle A D, B I; du point C, et avec un rayon C D, raccordez les deux arcs par un troisième et fermez la courbe.

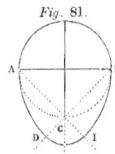

Fig. 81.

DESSINER UN OVE.

PROBLÈME N° 48.

L'*ove* est un ovale plus allongé que le précédent. Soit A B son petit axe (*fig. 82*). Partagez-le en quatre parties égales, et, sur le point du milieu, élevez une perpendiculaire suffisamment prolongée; décrivez une circonférence sur A B, pris comme diamètre; de A en C et de B en D, reportez sur A B prolongé deux grandeurs A C, B D égales aux trois quarts du diamètre A B; menez C K, D K, qui couperont la circonférence aux points S et P, et prolongez ces deux droites jusqu'en E et en F; puis, avec C B pris comme centres, décrivez les deux arcs B F, A E; prenez K G égal au quart du diamètre, et menez S G, P G prolongés; avec P E pour rayon et des points S, P, pris comme centres, raccordez les arcs E I I, F I, enfin du point G, pris comme centre, et avec un rayon G H, fermez la courbe.

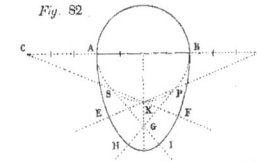

Fig. 82.

Fig. 83.

DES ANGLES SOLIDES.

Tout *solide* ou corps est une figure dans laquelle se trouvent réunies les trois dimensions de l'étendue ; *longueur*, *largeur*, *épaisseur*.

Parmi les solides, on distingue le *prisme*, le *cube*, le *cylindre*, le *cône*, la *sphère*, la *pyramide* et le *parallélipipède*. Toute figure A B C D E, A' B' C' D' E', ayant les bases opposées parallèles et les côtés formant un parallélogramme, est un prisme (*figure* 83).

Le prisme est dit *triangulaire* ou *quadrangulaire* suivant le polygone qui lui sert de base. Il est triangulaire quand les bases sont des triangles. A B C, D E F (*fig.* 84) est un *prisme triangulaire.*

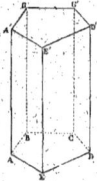

Fig. 84.

Il est quadrilatère ou quadrilatéral quand les bases sont des quadrilatères. A B C D, E F G H (*figure* 85) est un prisme quadrilatéral. Lorsque le prisme a cinq faces latérales, il est appelé *pentagonal.*

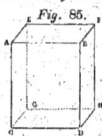

Fig. 85.

Le *cube* est un prisme à base carrée, dont les six faces sont des carrés égaux (*figure* 85).

Tout *cube* allongé ou figure rectangulaire est un *parallélipipède* : A B C D E F G H (*figure* 86) est un parallélipipède.

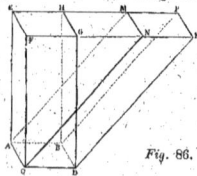

Deux parallélipipèdes de base équivalente et de même hauteur sont équivalents. Deux parallélipipèdes peuvent, sans cesser d'être équivalents, avoir la même base et la même hauteur et n'être pas inclinés également par rapport aux bases (*figure* 86).

Fig. 86.

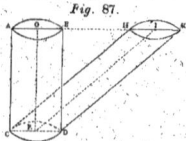

Fig. 87.

On appelle *cylindre droit* un solide terminé par deux cercles égaux, parallèles ; ou encore un *espace* décrit par la révolution d'un parallélogramme qu'on a fait tourner autour de l'un de ses côtés, pris pour AXE : A B C D (*figure* 87) est un cylindre *droit.*

Tout cylindre C H K D, même figure, incliné par rapport à la base est dit *oblique.*

On dit qu'un cylindre est *tronqué*, lorsque son cercle supérieur n'est pas parallèle au cercle servant de base ou qu'il n'est pas perpendiculaire au côté du cylindre : ce qui est la même chose.

Fig. 88.

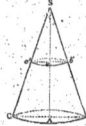

Le *cône* est un solide dont la base est un cercle, et qui se termine par le haut en un point S élevé perpendiculairement du centre A de sa base C A B ; ce point se nomme sommet du *cône.* Dans ce cas, le *cône* est appelé droit.

Le *cône* est dit *oblique* ou *incliné* si la ligne abaissée du sommet S sur sa base est inclinée ou oblique à cette base.

Fig. 89.

La *pyramide* est un corps ou *solide* géométrique dont la base est un polygone rectiligne, et dont les angles prolongés se réunissent en un même point S situé sur une ligne élevée perpendiculairement et passant par le centre, si la pyramide est droite ; ce point se nomme sommet.

Fig. 90.

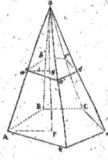

Lorsque le sommet, abaissé verticalement, ne tombe pas sur le milieu de la base de la pyramide, elle est dite inclinée : A B C D E S (*figure* 90) est une pyramide inclinée.

La *sphère* est un corps ou un espace limité en tout sens par une surface courbe dont tous les points sont également éloignés d'un point intérieur qu'on appelle centre.

Fig. 91.

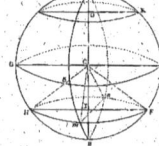

Soit un demi-cercle A K E F B, dont le diamètre est A B. Faites tourner ce demi-cercle autour du diamètre A B, pris pour axe, et l'espace ou le corps décrit, dans une révolution entière de A K E F B, sera la *sphère* A E B O. Toute droite menée du centre à la surface est un *rayon.* Tous les rayons sont égaux, puisque toutes les distances du centre à la surface sont égales.

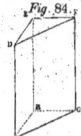

TRAITÉ DE TOPOGRAPHIE.

PRÉLIMINAIRES.

DIRECTION DES RAYONS DE LUMIÈRE ET HAUTEUR DU SOLEIL PAR RAPPORT AUX OBJETS ÉCLAIRÉS.

Comme un plan d'architecture, de mécanique, ou de topographie, ne donne que la projection horizontale des objets qu'il représente, on est convenu, pour rendre plus sensibles les formes ou la hauteur de ces objets, de les considérer toujours comme étant éclairés par un rayon de lumière, venant de gauche à droite, et formant avec l'horizon un angle de 45 degrés. On conçoit, en effet, que l'ombre portée, n'étant autre chose que la projection horizontale des objets, elle doit en reproduire très-exactement les dimensions naturelles.

Lorsque les jours sont égaux aux nuits, le soleil semble décrire autour de notre hémisphère un demi-cercle que l'on divise en 180 degrés.

Si ce demi-cercle, ayant son centre au centre de notre hémisphère, était en même temps perpendiculaire à notre horizon, la lumière, au milieu du jour, tomberait à plomb sur nos têtes, et tout objet planté verticalement ne projetterait d'ombre d'aucun côté. Mais il n'en est pas ainsi; car jamais la route que parcourt le soleil dans nos climats n'est dans le cercle perpendiculaire à notre horizon. C'est seulement lorsque le soleil est à 35 degrés 16 minutes environ au-dessus de l'horizon que cette direction de lumière à 45 degrés se dessine; de telle sorte que, si l'on mesurait la hauteur de l'ombre portée du côté d'un carré sur un plan horizontal, cette longueur serait égale à la diagonale d'un carré dont les côtés seraient égaux au côté du carré portant ombre. Ceci posé, et partant de ce principe que tous les corps éclairés se peignent ou se projettent dans une ombre qui varie suivant la direction de la lumière, il est facile de comprendre que cette ombre, portée par un corps sur un plan horizontal, n'est autre chose que la projection géométrique de ce même corps lorsqu'il est éclairé des rayons de lumière formant avec l'horizon un angle de 45 degrés.

DE LA COPIE DES PLANS.

Il existe plusieurs moyens de copier un plan.

On peut d'abord le calquer; et lorsqu'il est facultatif d'employer un papier végétal, la transparence de ce papier rend le travail facile. Mais, lorsqu'il faut reproduire un plan sur un papier fort, il faut avoir un calquoir. Cet instrument est une espèce de chambre noire qui ne reçoit le jour que par une vitre inclinée, disposée à cet effet, et sur laquelle on étend les deux feuilles de papier, dont l'une est le modèle et dont l'autre doit recevoir la copie. Ces deux feuilles sont fixées l'une sur l'autre au moyen de six épingles piquées sur les bords du papier; après quoi on copie son dessin. Mais tout le monde n'a pas de calquoir; et, dans ce cas, il faut employer les carreaux. Pour cela, il suffit de subdiviser le plan à copier en un certain nombre de carrés réguliers, au moyen de lignes menées dans le plan et tracées légèrement au crayon. On numérote chaque ligne horizontale par des chiffres, 1, 2, 3, 4, etc., et chaque ligne verticale par des lettres, a, b, c, d, e, f, g, h, etc. Cela fait, on construit sur sa feuille de papier un polygone composé des mêmes carreaux, en même nombre et de même dimension que ceux construits sur le plan à copier, et l'on y trace le même ordre de numéros; puis on détermine tous les points qui tombent, soit sur les lignes des carrés, soit sur leurs intersections; on indique au compas les points intermédiaires qui tombent dans l'intérieur des carrés, et on les figure sur son dessin dans les carrés correspondant à ceux où ils sont indiqués sur le plan à copier; quand tous ces points sont bien régulièrement établis, on y fait passer les lignes, et l'on obtient ainsi une copie exacte du plan donné. Mais ce moyen pratique présente des vices de précision; car il est impossible, quelque soin qu'on y apporte, qu'il n'y ait pas une légère différence dans les détails; il n'est donc bon que pour un plan de masses.

Lorsqu'on veut obtenir une précision rigoureuse, il faut *piquer* son plan. Cette opération consiste à placer sa feuille de papier blanc sous le plan que l'on veut copier; puis, avec une aiguille dont la tête est enveloppée d'un morceau de cire à cacheter, pour qu'elle ne blesse pas les doigts, on pique toutes les parties du plan en suivant, avec le plus

Exemple d'un dessin mis en carreaux.

grand soin, tous les angles et toutes les sinuosités. Cela fait, on trace son dessin en suivant avec un crayon les points piqués sur le papier, puis on le passe à l'encre.

RÉDUCTION OU AUGMENTATION DES PLANS.

La meilleure manière de réduire ou d'augmenter un plan est, sans contredit, l'emploi du pantographe; mais tout le monde ne possède pas cet instrument, qui est, d'ailleurs, fort cher. Il faut donc recourir au moyen que nous avons indiqué pour copier un plan, c'est-à-dire employer les carreaux. Il est facile de comprendre que, si l'on veut une copie réduite à la moitié, au tiers, ou au quart, il suffira de réduire, sur son papier, les carreaux à la moitié, au tiers, au quart de ceux tracés sur le plan à copier; et que, réciproquement, si on veut produire un plan plus grand, il suffira de faire les carreaux plus grands.

PRÉPARATION DU PAPIER.

Il arrive souvent que le papier, fatigué par les lignes d'opération qu'a nécessitées le travail, présente une surface grasse et mutilée, et que l'épiderme en est enlevé par le frottement répété de la gomme élastique : un lavis, sur un tel papier, ne donne que des teintes pâles et inégales. Pour parer à cet inconvénient, il suffit de passer sur son dessin une légère couche d'eau d'alun[1] que l'on étend, soit avec une éponge, soit avec un fort pinceau. Cette opération a le triple avantage, 1° d'enlever toute altération causée par le frottement de la gomme et d'empêcher ainsi le papier de boire; 2° de fixer le trait d'une manière telle que, s'il était besoin d'enlever une teinte au moyen d'une éponge et de l'eau, on pourrait le faire sans altérer en rien ce trait; 3° de rendre au papier son premier état de propreté et de blancheur.

Ceci posé, et le papier bien sec et étant bien tendu sur la planchette[2], soit qu'il veuille poser une teinte plate, ou que cette teinte doive être fondue, l'élève devra étendre avec son pinceau une légère couche d'eau sur la parcelle qu'il veut laver, afin de provoquer une faible humidité sur le papier. Il en résultera pour lui avantage et facilité pour appliquer ensuite une teinte uniforme; car, les pores du papier étant déjà imprégnés d'eau, l'encre ne sera pas aussi vite absorbée, et cette humidité permettra à l'élève de coucher sa teinte avec moins de précipitation : c'est surtout en été qu'il devra prendre cette précaution; il devra, cependant, se bien garder de trop mouiller, car si les pores du papier étaient noyés à l'avance, le papier goderait, et la couleur ne se poserait plus également, séjournerait dans les fonds, se noierait avec l'eau et ne formerait plus qu'une teinte inégale et sans harmonie.

Une teinte plate se pose graduellement, et par teintes légères, couchées les unes sur les autres, jusqu'à ce que l'on ait obtenu le ton voulu, en ayant soin de foncer d'un ton chaque teinte qui vient après celle que l'on vient de poser, et surtout de laisser sécher son papier, à chaque teinte, jusqu'à ce qu'il soit réduit à l'état d'humidité dont nous avons parlé plus haut. Toutefois, aussitôt qu'on sera assez habile pour atteindre le ton local avec une seule teinte, il faudra s'empresser de le faire; car, outre que cette manière de faire active le travail, il en résulte encore une fraîcheur de tons que n'ont jamais les dessins coloriés par plusieurs teintes. Cette dernière méthode est assurément la meilleure pour apprendre à l'élève à faire vite et bien, et cependant nous ne l'indiquons qu'avec réserve, parce qu'en se hâtant trop de l'employer, il s'exposerait à gâter ses dessins.

Pour bien poser une teinte, il vaut mieux trop d'encre dans le pinceau que trop peu; l'encre coule mieux, sèche moins vite, tandis que le manque d'encre provoque la sécheresse, et donne des teintes trop faibles sur lesquelles il faut revenir : de là ces inégalités de tons, ces taches qu'il n'est plus possible d'enlever et qui dénaturent un dessin.

---

[1] DE L'EAU D'ALUN. Pour faire l'eau d'alun : prenez un verre plein d'eau très-propre; jetez-y pour cinq centimes d'alun en poudre; délayez-le; laissez fondre jusqu'à ce que le tout soit parfaitement liquide, et lavez ensuite votre papier avec cette préparation, soit au moyen d'une éponge fine que vous passez très-légèrement, soit, encore mieux, en inclinant votre planchette légèrement et versant dessus l'eau d'alun avec le verre. Ce dernier moyen évite un frottement qui pourrait être nuisible au travail déjà exécuté sur le papier.

Il est très-essentiel que le papier soit bien sec avant de commencer son travail.

Il arrive parfois, et cela lorsque l'alun n'est pas parfaitement dissous, qu'il en reste sur le papier, il faut alors passer une plume très-légère ou une brosse fine sur le papier et enlever ce qui pourrait s'y être attaché.

[2] DE LA PLANCHETTE. La planchette sur laquelle on colle son papier doit être proportionnée, comme dimension, aux besoins habituels du dessinateur; elle doit être construite en bois tendre, afin qu'elle n'émousse pas la pointe des instruments, notamment les pointes de compas. Il faut prendre du bois blanc de 4 centimètres ou du bois de tilleul; ce dernier est préférable, comme étant le moins sujet à travailler ou à se voiler. Afin d'éviter que la planchette ne se voile, il faut la faire construire par bandelettes de 8 à 10 centimètres de largeur, collées l'une à côté de l'autre, et faire fixer l'aubier d'une bandelette contre le cœur d'une autre, afin de neutraliser le travail du bois. Il faut, en outre, faire emboîter les deux bouts de la planchette par deux traverses de même épaisseur, mais en

bois de vieux chêne; on doit éviter surtout qu'il se rencontre le moindre nœud dans le bois, car c'est toujours par là que pèche une planchette.

DU COLLAGE DU PAPIER. Pour un dessin au trait, il n'est pas nécessaire que le papier soit collé sur la planchette; mais ce collage est indispensable pour un dessin au lavis : le papier étant bien tendu, il est bien plus facile de coucher ses teintes.

Pour coller son papier, il faut le mouiller avec une éponge et de l'eau claire, et le laisser imbiber pendant dix minutes, pour qu'il puisse s'allonger; on doit toutefois éviter de mouiller les bords du papier sur une largeur de trois centimètres tout autour de la feuille. Sur ce bord réservé, on étend de la colle de pâte, on retourne la feuille et on la colle sur la planchette, en l'étendant le plus possible et en frottant tout autour pour fixer la colle. On peut, au besoin, employer, au lieu de colle de pâte, de la colle à bouche; mais la colle de pâte est préférable en ce que l'on a plus de facilité pour étendre sa feuille, et se décoller un morceau si cela devient nécessaire.

Il est très-essentiel de laisser sécher naturellement le papier, et de ne le présenter ni au feu, ni au soleil; car, à la première humidité, il se détendrait. Si, malgré toutes les précautions que l'on aura prises, il arrivait que le papier ne fût pas tendu, il suffirait de l'exposer un instant devant le feu, mais à une certaine distance, car la chaleur, qui fera tendre le papier, le ferait éclater si on le présentait trop près.

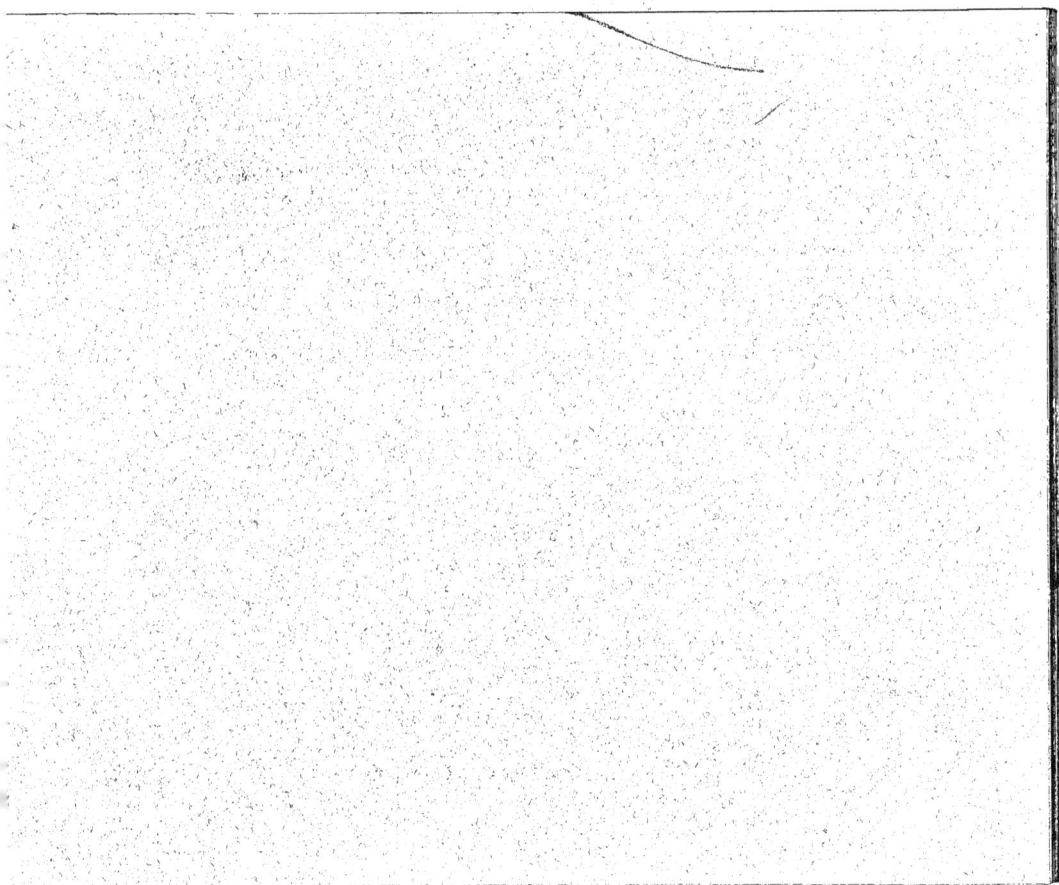

PLANCHE 1.

CONSIDÉRATIONS GÉNÉRALES SUR LE LAVIS DES PLANS EN TOPOGRAPHIE.

C'est d'une première ébauche que dépend le cachet d'un plan topographique, et ce n'est qu'après avoir acquis toute la hardiesse qu'elle exige que les élèves pourront conserver aux couleurs toute leur fraîcheur, leur éclat et leur transparence. Aussi ne saurions-nous trop leur recommander la répétition des premiers exercices.

Règle générale, avant de procéder aux détails que nécessite chaque nature de culture, il faut faire un dessein de masse. Faire un dessein de masse, c'est accuser d'une manière nette et franche, par des masses d'ombre, toutes les parties saillantes; c'est déterminer la plaine et le vallon, détacher le sommet d'une montagne, accentuer les points les plus culminants, assigner à chacun des accidents du terrain leurs positions respectives, faire sentir enfin la hauteur de tel ou tel objet par rapport à tel autre. Dans un dessin topographique, tout étant ramené à l'horizon, c'est au lavis à faire revivre sur le papier le relief des montagnes, les anfractuosités des rochers, les gorges, les vallons, les sinuosités capricieuses des ruisseaux et des rivières, le mouvement des eaux, la densité et la verdure nuancée des bois.

On obtiendra ces résultats en ne s'écartant pas de ces principes généraux : que les points les plus culminants, frappés par la lumière, seront les plus clairs; de même que les points situés dans les parties opposées à la lumière seront les plus foncés; dans les gorges et dans les fonds, les ombres seront d'un noir moins vif, et le clair d'un blanc plus terne, comme représentant des points plus éloignés de l'œil et privés de reflets lumineux. Enfin, les parties intermédiaires devront être ombrées avec des teintes qui tiendront le juste-milieu entre celles des fonds et celles des sommités. La principale raison de cette gradation de tons est que la vue distinctive et la vivacité des couleurs dépendent de l'intensité de la lumière, laquelle, à mesure que l'objet s'éloigne, est affaiblie par l'interposition des vapeurs atmosphériques comprises entre l'œil et l'objet.

DU DESSIN AU TRAIT.

Après avoir arrêté son dessin au crayon d'une manière pure et précise, il faut le passer à l'encre de Chine : cette opération, difficile et minutieuse, demande une grande pratique, car c'est d'elle que dépend tout l'effet d'un dessin, soit qu'il doive rester au simple trait, soit qu'il doive être lavé. Dans le premier cas, tout doit être accusé avec vigueur, en observant que les traits exposés à la lumière soient plus fins et plus légers que ceux qui lui sont opposés. Il faudra, au contraire, accuser vigoureusement les lignes inférieures accusant des ombres portées par des arbres, bois, rochers, croix, moulins à vent ou toutes constructions, bâtiments et édifices publics, etc., etc.

Lorsqu'un dessin doit être lavé, tous les traits doivent en être arrêtés plus finement et sans coups de force, afin que ces traits ne tranchent pas d'une manière désagréable sur le coloris. C'est seulement après que le dessin est terminé que l'on doit mettre les coups de force nécessaires; cette opération, faite après-coup, sert, au besoin, à rectifier les teintes qui ont pu être posées inégalement. Il faut aussi faire en sorte que tous les ouvrages en maçonnerie, les murs, les digues, les portes et tous les bâtiments et édifices publics soient bien arrêtés par des traits purs et réguliers tracés avec la règle et le tire-ligne; car ces parties, étant celles qui doivent dominer dans le plan, et étant d'ailleurs les seules figures régulières, elles doivent être dessinées de telle sorte que les angles en soient bien sentis et se détachent bien de l'effet général du dessin. Tous les ouvrages détruits, ceux en ruines, ou ceux qui, bien qu'existant encore, sont enfouis sous terre et invisibles à l'œil, doivent être indiqués par des lignes ponctuées.

On peut aussi arrêter le trait d'un dessin par des lignes coloriées, suivant la nature de culture qu'elles doivent représenter : ainsi, on peut arrêter en bleu les contours des étangs, des ruisseaux, des rivières, des fleuves et des mers; on peut employer le vert pour toutes les natures de bois, les haies, les arbres isolés; pour les routes et les chemins, les pentes de montagnes, les ravins et les rochers on prendra la sépia; enfin, le carmin servira pour les hameaux, villages, bourgs, villes et toutes les constructions.

Si, dans les différentes natures à représenter, on est appelé à employer les signes conventionnels (voir la *Planche* 3), ils devront être dessinés avec pureté et précision et passés à l'encre ou au bistre foncé, afin qu'ils soient saillants et se détachent bien de l'ensemble général du dessin.

Nous ne saurions trop recommander à l'élève, lorsqu'il s'agit de passer un dessin au trait, de n'employer jamais que de l'encre fraîche, car l'encre vieille se décompose au contact du pinceau et produit des teintes sales.

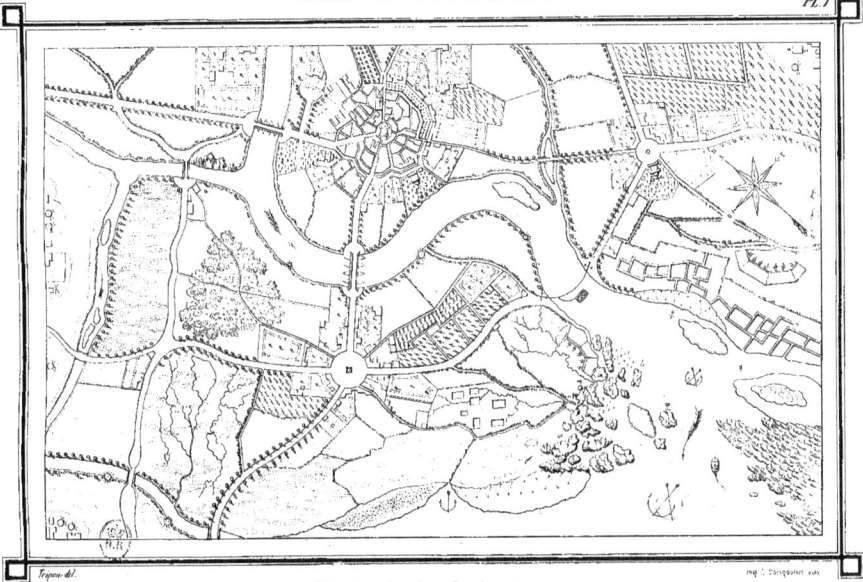

Planche générale au Simple trait.

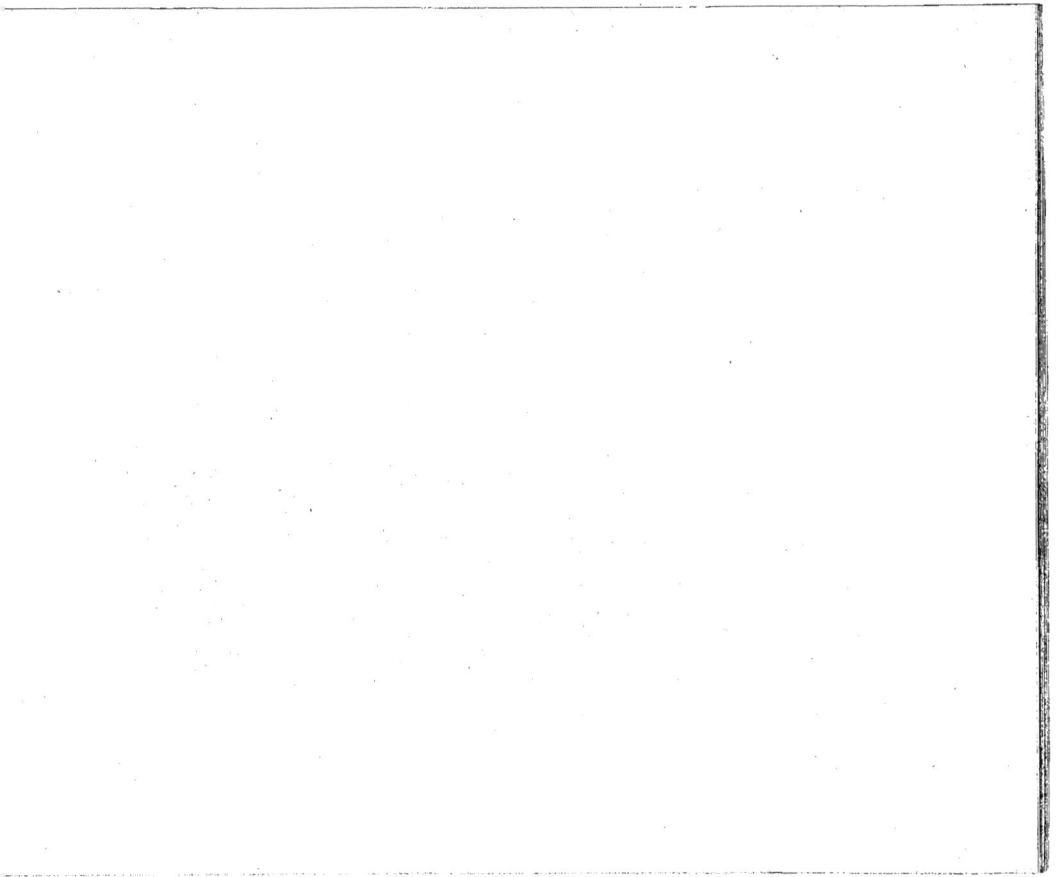

PLANCHE 2.

Tout le monde comprendra l'utilité d'un tableau de teintes conventionnelles, puisque ces teintes ont pour objet l'abréviation du travail des plans-minutes, dressés dans des cas pressants qui ne permettent qu'une légère indication des lieux, indication qui suffit cependant pour exécuter le travail complet dans le cabinet. Chaque teinte représente une nature de culture (voir la *planche* 2); mais, dans les pays entièrement cultivés, on est convenu de laisser en blanc toutes les pièces labourées, on les indiquant seulement par des parcelles ponctuées; la mesure de l'échelle du plan devra déterminer la dimension des pièces de terre. Les différentes plantations d'arbres devront aussi y être indiquées.

DES COULEURS.

La nécessité d'exécuter à la hâte, sur le terrain, des plans-minutes a fait sentir le besoin de réduire à un très-petit nombre les couleurs employées pour le lavis topographique. Les plus indispensables sont : 1° l'encre de Chine, 2° le bleu de Prusse, 3° le carmin, 4° la gomme-gutte. C'est en couchant avec soin, en mélangeant ou en combinant de toute manière ces quatre couleurs, qu'on obtient la fraîcheur, la variété de ton, la transparence, si nécessaires à la bonne exécution d'un plan. Il n'est donc pas sans intérêt d'indiquer ici les plus usitées de ces combinaisons, bien que ces indications soient en partie reproduites dans l'explication de chacune des planches pour lesquelles il est nécessaire de s'en servir.

L'*encre de Chine* s'emploie avec un égal succès pour le trait à la plume ou au pinceau, et pour les ombres. Mais il est nécessaire qu'elle soit fraîchement délayée; car la moindre poussière l'alourdit, en empêche la fluidité et la transparence. Cette encre se couche très-facilement quand elle est de belle qualité; et, comme elle n'est pas d'un prix très-élevé, il y a tout avantage, comme pour toutes les couleurs au reste, à employer la qualité la plus fine.

Indépendamment d'une légère odeur de musc qu'il dégage et d'un reflet mordoré qu'il reçoit de la lumière, un pain de belle encre de Chine se reconnaît à la teinte fine, unie, transparente dont il couvre le papier sur lequel on le frotte après l'avoir légèrement mouillé. L'encre de Chine commune, au contraire, est mate à l'œil et laisse sur le papier une trace lourde et charbonneuse.

L'encre de Chine se mélange bien avec le bleu, dont elle assombrit l'éclat; avec la gomme-gutte, qu'elle fait tourner au vert-sale; avec le carmin, qu'elle rend lie de vin. Ces différentes modifications sont fort utiles pour les demi-teintes et les ombres.

Le *bleu de Prusse*, mêlé au carmin, produit du violet plus ou moins bleu, ou plus ou moins rose, selon que la première ou la seconde des deux couleurs y domine; mêlé à la gomme-gutte, il produit toute la gamme des verts en partant du vert le plus jaune jusqu'au vert le plus bleu.

Le *carmin*, mêlé au bleu de Prusse, produit toute la gamme du violet; mélangé avec de la gomme-gutte, il donne un ton orange; si l'on ajoute un peu de terre de Sienne, ce ton devient bistre rouge et sert pour réchauffer les terrains : mêlé au vert, le carmin lui donne un ton cuivré très-utile pour varier les tons des vignes, et servir de demi-teintes intermédiaires entre les terrains et les prairies.

Le carmin est une couleur plus chère que les autres, mais dont une petite quantité produit beaucoup, quand il est de bonne qualité.

Il ne faut pas acheter le carmin en tablettes, mais en poudre, et le faire tremper. Pour faire tremper le carmin, on en met trente grammes dans un petit flacon plein d'eau bien propre. Après douze ou quinze jours, on voit surnager une matière blanchâtre; c'est l'albumine que contenait encore le carmin; il faut jeter cette matière et remplir d'eau le flacon. Le carmin se dépose au fond, et, quand on en a besoin, on en prend un peu au bout de son pinceau. Plus un carmin est trempé, plus il est débarrassé d'albumine, et plus il est beau; il n'y a donc pas d'inconvénient à le laisser dans le flacon, pourvu que celui-ci soit toujours plein d'eau.

La *gomme-gutte*. Nous avons vu quels tons produit la gomme-gutte quand on la mélange avec l'encre de Chine, le bleu de Prusse ou le carmin. On n'emploie la gomme-gutte seule que pour quelques lumières très-vives à indiquer sur les verts.

La gomme-gutte doit être, comme le carmin, mise à tremper dans un flacon. Cette précaution a non-seulement pour objet de l'isoler des corps étrangers qui peuvent y rester encore, mais surtout de la dégager de la gomme, sans laquelle on ne pourrait la fabriquer; cette gomme y figure en si grande quantité qu'elle en dénature bien souvent le ton, et qu'elle en rend l'emploi très-difficile. Cinq ou six jours après avoir été mise à tremper la gomme-gutte tombe au fond du flacon et la gomme surnage; il faut jeter l'eau et remplir son flacon d'eau propre. Il convient de renouveler ce changement d'eau trois à quatre fois, de quinze en quinze jours.

Disons, pour terminer, que les tons ou mélanges varient de puissance selon la quantité d'eau qu'on y fait entrer; ainsi, suivant qu'on le mouille plus ou moins, le noir devient gris, le bleu foncé devient bleu de ciel, le rouge passe au rose et le jaune brillant perd une partie de son éclat.

TRAITÉ DE TOPOGRAPHIE.

Bois.	Broussailles.	Bois Marécageux.	Terres.	Terres humides.

Vignes.	Sables.	Prés.	Prés humides.	Marais.

Tourbières.	Friches.	Bruyères.	Landes.	Dunes et Galets.

Mers, Fleuves, Rivières.	Rochers plats dans la mer.	Salines.	Jardins, batimens, Vergers.	Limites Territoriales.

Teintes Conventionnelles.

PLANCHE 3.

Ces signes, extraits des tableaux annexés au n° 6 du Mémorial topographique adopté par le ministre de la guerre, doivent être à l'échelle du plan sur lequel on les fait figurer.

Chacun de ces signes doit être arrêté nettement et purement, soit en noir, soit en bistre, et se détacher de l'ensemble.

En topographie, le dessin doit toujours être orienté plein nord, c'est-à-dire que la ligne nord-sud doit être perpendiculaire à la base du papier, et la flèche indiquant le nord tournée vers le haut du papier; la ligne est-ouest doit être parallèle à la base du papier. Cette orientation s'indique au moyen d'une boussole ou étoile à 4, 6 ou 8 branches, et que l'élève dessine à son goût, mais en ayant toujours soin de prolonger les deux lignes nord-sud, est-ouest, et de les terminer par des flèches indiquant les quatre points cardinaux (voir la *planche* 1).

Les écritures soumises à la même loi doivent toujours être perpendiculaires et menées parallèlement à la base du papier; des écritures contournées seraient plus difficiles à lire; elles seraient d'ailleurs d'un très-mauvais effet et de mauvais goût.

Une écriture vicieuse suffit pour déparer le plan le mieux dessiné; aussi est-il nécessaire de s'exercer à la bien tracer, comme aussi à employer à propos les caractères qui conviennent le mieux. Les plus usités sont :

la MAJUSCULE DROITE,

la *MAJUSCULE PENCHÉE*,

la minuscule droite,

la *minuscule penchée*.

La hauteur de ces caractères varie entre 8, 10, 12, 15, 20, 25, 30, 35, 50, 60 décimillimètres pour un plan à l'échelle de 1 à 10,000, suivant le tableau ci-contre.

Le plein de la lettre capitale doit être le sixième de sa hauteur.

Tout plan doit être entouré d'un cadre et accompagné d'une échelle dessinée dans le bas du plan et tout au bord du cadre.

L'échelle se divise en unités principales et subdivisions d'unités; elle indique le rapport de ce plan au terrain qu'on veut représenter. Ainsi, une échelle de 1 à 10,000 indique que le dessin est dix mille fois plus petit que le terrain qu'il représente.

La boussole servant d'orientation au plan devra en être bien détachée; elle devra être dessinée à droite, et le cartouche ou titre du plan sera disposé à gauche et en regard de la boussole.

Caractère des écritures.	Hauteur en décimillimètres.
FORET	60
VILLE	60
BOURG	35
CITADELLE	30
FAUBOURG	30
FLEUVE	30
PARC	30
CANAL	30
Fort	25
Rivière	25
Village	25
Administration	20
Arsenal	20
Avenue	20
Hameau	20
Hôpital	20
Palais	20
Redoute	20
Archevêché	15
Château	15
Église	15
Obélisque	15
Phare ou Fanal	15

Caractère des écritures.	Hauteur en décimillimètres.
Porte	15
Route	15
Batterie	12
Corps-de-Garde	12
Chemin de Fer	12
Forge et Fonderie	12
Pont	12
Pyramide	12
Retranchement	12
Signal	12
Télégraphe	12
Verrerie	12
Auberge	10
Bac	10
Briqueterie	10
Calvaire	10
Carrière	10
Chemin	10
Croix	10
Digue	10
Ferme	10
Fontaine	10
Four à chaux	10
Eaux Minérales	10
Usine	10
Gué	8
Moulin	8
Ruisseau	8
Sentier	8
Source	8

CAPITALE DROITE

CAPITALE PENCHÉE

Minuscule droite

Minuscule penchée

Italique

Nous avons adopté ici, pour ces écritures, le cas d'une échelle de plan dressé à $\frac{1}{10,000}$, parce que c'est l'échelle la plus communément employée dans le cadastre, pour les plans d'assemblage dressés pour chaque commune.

Signes Conventionnels.

Troyon del.

Imp. A. Bregeaut édit.

PLANCHE 4.

DES FONDS DES BOIS.

Avant de dessiner ses masses d'arbres, il faut faire les *fonds*. Ces fonds exigent deux teintes : l'une de bistre tendre, et l'autre de bleu clair. La première se compose de terre de Sienne mélangée avec une très-petite partie d'encre de Chine et de carmin, afin d'obtenir une teinte de chair colorée. La seconde est tout simplement du bleu de Prusse délayé avec de l'eau, mais très-clair. Ces deux couleurs obtenues, chacune séparément dans un godet, on humecte très-légèrement le papier sur la partie de bois que l'on veut colorier, puis, avec deux pinceaux chargés, l'un de bistre et l'autre de bleu, on pose la première couleur çà et là inégalement sur la parcelle à colorier, et, avec le pinceau chargé de bleu on remplit les espaces laissés en blanc par le bistre. Cette seconde couleur vient se lier avec la première, qui est encore toute fraîche, et, en se fondant avec elle, produit diverses nuances qui forment le ton local des bois. On peut encore ne pas faire toucher les deux teintes et les relier entre elles par des adoucis au moyen d'un pinceau chargé seulement d'eau. Ce travail obtenu, et les deux teintes étant à demi sèches, on peut encore animer son dessin par des petites retouches faites avec les même couleurs, mais un peu plus vives et posées par très-petites parties. Ensuite on procède à l'exécution des masses, ainsi que nous allons l'indiquer.

DES BOIS ET DE LEURS DIFFÉRENTES NATURES.

Lorsqu'il ne s'agit que de faire le plan d'une propriété, il arrive souvent que les haies, les bois, et même les bâtiments, sont vus en élévation. Bien que ce soit contre toutes les règles prescrites, le plan y gagne cependant, car le propriétaire pour lequel il est dressé s'y complaît mieux que dans un plan où tout est ramené à l'horizon ; il aime à reconnaître ses diverses plantations, et à se promener dans ses avenues, sous ses berceaux et ses charmilles. Dans ce cas, il est indispensable de bien étudier les différentes essences d'arbres pour les représenter sur le plan avec une fidélité minutieuse, et conserver à chacun le caractère qui lui est propre.

Ainsi les bois fruitiers, le châtaignier surtout, dont le feuillage semble toucher le sol, se font remarquer par leur forme arrondie ; le chêne de haie tronqué, coupé, produit une silhouette qui se dessine inégalement ; le chêne-futaie, d'une végétation vigoureuse, se présente droit et élevé ; le peuplier se fait remarquer par sa haute stature et la

flexibilité de ses mouvements ; enfin le sapin, de forme pyramidale, dont le feuillage imite des flocons d'herbages, semble vouloir rentrer dans le sol où il a pris racine. Telles sont les différentes essences d'arbres à étudier, et l'on ne saurait trop recommander à l'élève de se livrer à ce travail. Pour y parvenir avec fruit, il devra faire au crayon, pour chaque nature d'arbre, des feuilles séparées ; après quoi il dessinera des arbres isolés, pour les grouper ensuite par masse.

Mais, lorsqu'on est forcément assujetti aux règles sévères de l'art, ce n'est plus que par l'ombre qu'il est possible de donner la forme de l'arbre, des caisses de fleurs, croix de pierre, pyramides ou moulins à vents représentés *planche* 4 (*figure* 1, n° 1). Nous engageons donc fortement l'élève à répéter les exercices de cette planche. Après les avoir esquissés très-légèrement au crayon, il les passera à l'encre de Chine, en conservant l'effet de masse pour faire tourner la tête de l'arbre ; les traits de gauche exposés à la lumière devront être très-fins, très-légers ; au contraire, les traits de droite devront être plus accusés et plus noirs ; il procédera ensuite à la vis (*figure* 2, n° 1) par une teinte de vert très-léger posée sur toute la tête de l'arbre. Cette teinte étant sèche, l'élève reviendra avec un vert plus foncé, qu'il obtiendra en mettant dans sa couleur un peu plus de bleu de Prusse ; puis il posera une seconde teinte sur la partie d'ombre, qu'il adoucira en revenant vers la partie éclairée ; enfin, cette seconde teinte étant sèche, il prendra de la gomme-gutte délayée et il en posera une légère teinte sur la partie la plus éclairée de l'arbre, pour faire sentir l'effet du soleil frappant en plein sur cette partie de l'arbre. Ce travail terminé, il indiquera l'ombre portée par une teinte de bistre ou de terre d'ombre et par une légère teinte d'encre de Chine adoucie et fondue vers la pointe de l'arbre. Quand l'élève saura dessiner ainsi chaque arbre séparément, il pourra dessiner des quinconces (*figures* 4, 5, 6, n° II). Les masses d'arbres pour représenter des taillis (*figure* 1 et 2, n° III), les taillis mouillés (*figures* 3 et 4, n° IV), enfin les broussailles (*figures* 1 et 2, n° IV) se dessinent et se lavent de la même manière ; seulement il est bon d'observer que ces masses étant l'agglomération de plusieurs arbres, elles ne doivent pas avoir la forme régulière et arrondie d'un seul arbre ; l'ombre portée devra donc aussi être irrégulière. La pratique répétée de ces exercices peut seule faire saisir ces différentes modifications.

Les bois de sapins font seuls exception à ces règles ; mais ils sont très-faciles à représenter (voir *figures* 3 et 4, n° IV). Les fonds des bois de sapins sont les mêmes que ceux dont nous avons parlé plus haut.

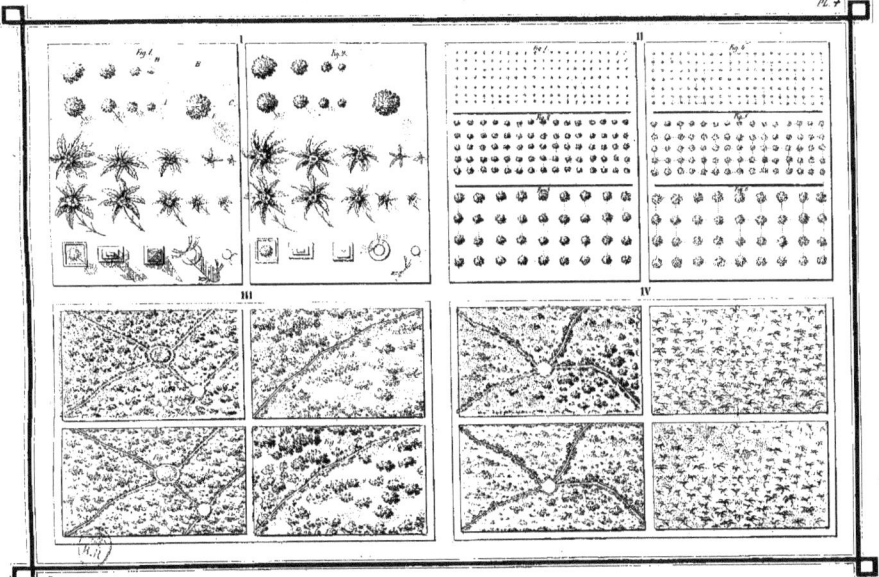

Bois et Plantations diverses.

PLANCHE 5.

DES MONTAGNES A LA PLUME.

Après avoir déterminé les courbes ou tranches horizontales par des plans menés dans le flanc de la montagne, il est facile, à la simple inspection de ces sections, de connaître d'une manière exacte les reliefs du terrain, comme aussi d'exprimer avec justesse et précision, en se servant de l'échelle du plan, les différences de niveau existantes d'un point à un autre. Nous avons donné (*planche 5*) quatre dessins de montagnes à des échelles différentes, afin de faire comprendre le rapprochement des hachures suivant telle ou telle échelle.

Dans les montagnes, il faut distinguer : 1° les courbes ou tranches horizontales (*figure 2*, n° 1), et (*figure 1*, n° III) 2° les tranches verticales ou normales menées du sommet à la base (*figure 1*, n° 1). La *figure 3* (n° 1) réunit les deux exemples.

Après avoir tracé légèrement au crayon les tranches horizontales, en commençant par le sommet, on indiquera les différents reliefs du terrain par des hachures, mais toujours dirigées normalement à la partie supérieure, en allant de gauche à droite et en observant, après avoir tracé la première tranche et s'être arrêté pour recommencer les suivantes, de faire en sorte que les deuxième, troisième et quatrième tranches qui suivent la première ne la dépassent pas; car, autrement, la reprise des tranches suivantes serait trop difficile. On continuera ainsi jusqu'au pied de la montagne. Plus les pentes sont rapides, plus les hachures doivent être fortes, serrées et foncées de ton. Au contraire, moins les sections seront rapprochées, plus les hachures devront être espacées, fines et claires de ton. Enfin, on forcera les tons au sommet pour les parties opposées à la lumière, et, réciproquement, on conservera vifs et brillants les sommets et les pentes éclairés par les rayons lumineux.

Dans les tranches horizontales, et lorsqu'elles sont trop éloignées les unes des autres, suivant que les pentes sont plus douces, les sections deviennent par trop divergentes, ce qui est d'un mauvais effet; il faut alors tracer des tranches intermédiaires. Il faut aussi observer, en traçant les hachures du sommet à la base, de les disposer de manière qu'elles ne produisent pas une ligne droite continue, mais une ligne coupée et interrompue; c'est-à-dire, qu'elles ne doivent pas être menées immédiatement à la suite les unes des autres, et doivent ne laisser aucun intervalle entre elles; ces lacunes de blanc à chaque intersection ou tranche horizontale, produisant des effets criards qu'il faut éviter. Enfin, ces tranches normales devront être tremblées légèrement, afin d'éviter la roideur et la sécheresse.

DU LAVIS DES MONTAGNES.

Pour le lavis des montagnes, on suivra avec le pinceau la dégradation des teintes que nous venons d'indiquer pour le dessin à la plume, en observant les mêmes degrés de ton et de lumière.

Le dessin étant entièrement lavé, on pourra y indiquer quelques hachures pour rompre la monotonie des teintes et animer le dessin; mais il faut bien éviter de les faire à la plume : le pinceau, quoique plus difficile à employer, produira un meilleur effet, et le dessin en sera plus moelleux. Si, cependant, ce dernier moyen présentait de trop grandes difficultés, on pourrait, à la rigueur, recourir à la plume, mais il faudrait avoir soin d'employer la couleur locale, et l'encre de Chine pour quelques sommets et parties d'ombre, mais modérément, afin de ne pas détruire l'harmonie. Si, après ce travail, quelques parties restaient peu harmonisées entre elles, on reviendrait par de petites teintes au pinceau, jusqu'à ce que l'on eût atteint un effet satisfaisant.

Il est difficile de définir d'une manière précise le ton local des terrains montagneux, qui varient selon les pays. Ici, c'est un pays entièrement cultivé ; là, c'est un pays froid, aride et inculte; plus loin, la même montagne présente ces deux aspects, à la fois si différents, mais qui s'expliquent, cependant, par la position topographique des lieux. Nous ne pouvons donc préciser que les cas les plus usités.

Dans les pays entièrement cultivés, il faut employer des teintes de terre d'ombre, ou d'encre de Chine pour les parties opposées à la lumière, et des teintes de terre de Sienne mêlée d'un peu de carmin, pour les parties de clair. Quelquefois on devra se servir des deux teintes mélangées ensemble, et jeter quelques tons de verdure menés horizontalement et fondus du sommet à la base, pour couper la monotonie du travail, ce qui est toujours d'un bon effet.

Dans les parties montagneuses des landes et des bruyères, on emploie des teintes de vert-foncé pour les parties dans l'ombre, et de vert-clair pour les parties éclairées ; on y mêle un peu de bleu et d'encre de Chine pour les parties basses de la montagne. Ce travail obtenu, on indique les tranches horizontales avec les mêmes teintes; on doit détacher aussi la partie sèche et aride de la montagne de celle qui lui est opposée, et que sa position au midi couvre de végétation. Quelques brindilles d'herbe jetées à propos viendront compléter le travail.

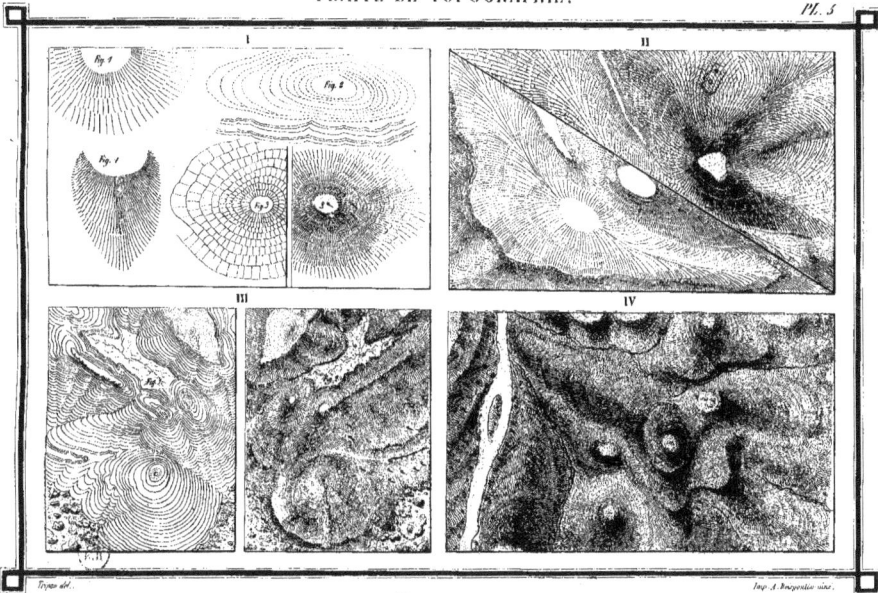

Montagnes.

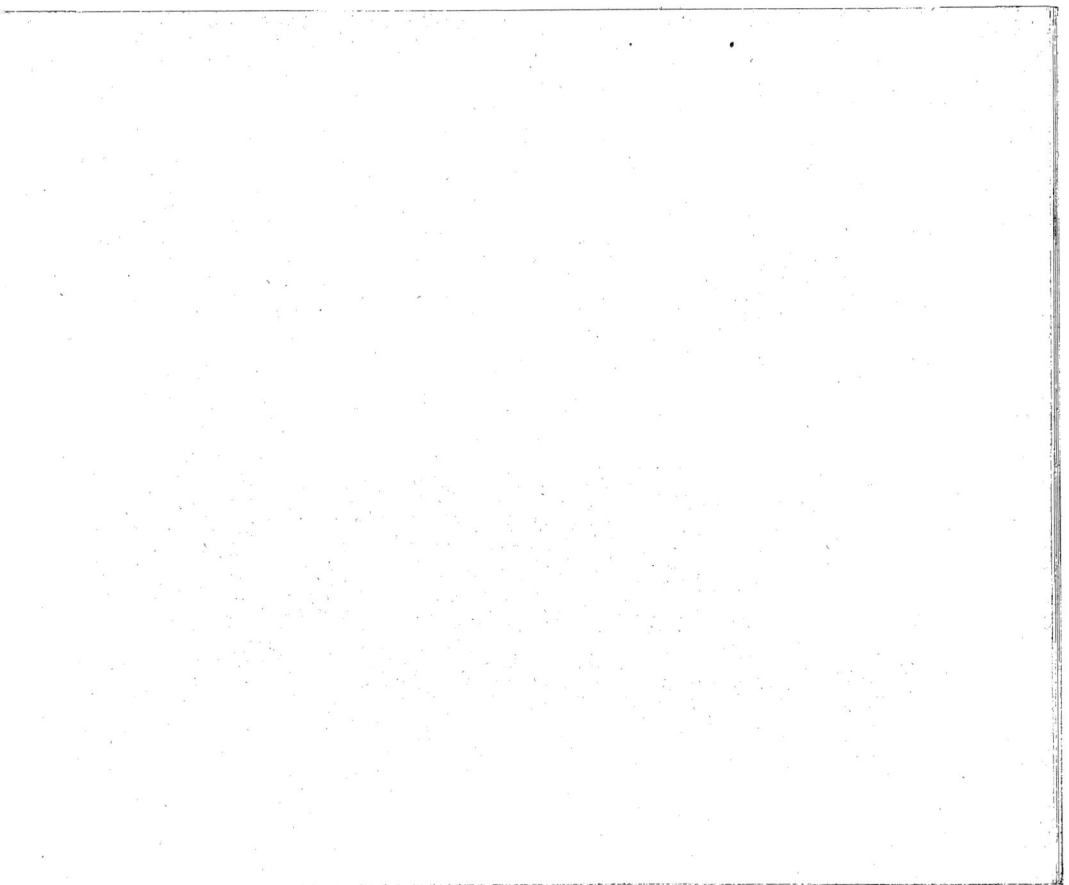

PLANCHE 6.

DES TERRES LABOURÉES DANS LES PAYS CULTIVÉS.

Ainsi que nous l'avons dit, en traitant de notre *planche 2* (des teintes conventionnelles), on indique par des quadrilatères partiels un pays entièrement cultivé, lorsqu'il ne s'agit que d'un dessin conventionnel (*fig.* 1, n° I); mais, lorsqu'il s'agit d'un dessin entièrement exécuté à la plume, la *figure 2*, n° 1, indique la marche à suivre. Les haies, les bois et les sillons, tout doit y être indiqué. Il est à remarquer surtout, afin d'éviter une monotonie fatigante à l'œil et cette symétrie froide qui n'est jamais dans la nature, qu'il faut sillonner chaque pièce de terre dans une direction différente de celle qui lui est contiguë.

Il sera facile d'animer ce travail par une différence de nuance pour chaque pièce de terre; cette différence s'obtiendra soit par le travail plus ou moins serré, soit encore par un brindillé d'herbe que l'on peut indiquer légèrement sur quelques-unes des parties du dessin. S'il y a quelques montagnes, on les indiquera à la plume et l'on sillonnera par-dessus.

DU LAVIS DES TERRES.

Ce qui vient d'être dit pour le dessin des terres à la plume peut également s'appliquer au dessin au lavis. Lorsqu'il ne s'agit que d'un travail préparatoire (n° 11, *figure* 1, *planche VI*), on l'indique par une teinte de fond panachée. Cette teinte, dite locale, se compose de deux tons fondus ensemble, l'un de vert-tendre composé de gomme-gutte et de bleu de Prusse, l'autre de terre de Sienne mélangée avec un peu d'encre de Chine et une très-petite partie de carmin. On pose ces deux fonds comme nous l'avons indiqué en traitant des *fonds de bois*. Une teinte légère de terre est aussi le plus souvent employée.

La *figure 2*, n° 11, représente, entièrement fini, le dessin au lavis d'un pays cultivé. Pour arriver à l'exécution de cette planche on procède ainsi : après avoir passé son dessin au trait, après avoir obtenu son effet de masse et indiqué les montagnes, les côtes et les sillons, on détaille les parcelles, en observant de différencier la nuance des teintes pour chacune d'elles, et de les sillonner en sens divers : ces sillons devront être faits au pinceau, avec la même couleur que le fond, mais plus foncée ; il faut éviter surtout de les tracer en lignes trop droites, ce qui rendrait le dessin trop uniforme; enfin, après avoir fait les bois ou haies, on terminera son dessin en l'animant par quelques brindilles d'herbe jetées de côté et d'autre sur quelques pièces de terre prises au hasard.

DES VIGNES.

La *figure* 1, n° III, représente un pays vignoble entièrement planté. Comme on le voit, il est facultatif de représenter les ceps de vignes soit en plan, soit en élévation. Dans le premier cas c'est l'ombre qui détermine la dimension comme la forme de l'échalas et celle du cep de vigne; dans le second cas l'ombre portée s'indique par un petit trait allant de gauche à droite et partant du pied. Après avoir tracé les montagnes qui, dans cette nature de culture se rencontrent plus que partout ailleurs, on dessine les ceps, en ayant soin de les poser symétriquement en forme de quinconces dont on couvre le sol, et en réservant de petits sentiers ou chemins de communication d'une pièce à l'autre. Mais, dans les pays de plaines, et surtout près des habitations, cette plantation est entrecoupée par des plates-bandes de terres sillonnées mais non plantées de vignes. Il est bon et utile, dans un grand dessin surtout, de savoir tirer parti de cette circonstance, parce que, non-seulement elle abrége un travail long et minutieux en supprimant les ceps, mais encore, parce que le dessin en reçoit un degré de variété qui lui enlève toute sa monotonie.

La *figure* 1, n° III, représente un dessin de vignes à la plume.

La *figure* 2, n° III, représente le même dessin au lavis. Après avoir obtenu le lavis des montagnes par une teinte de fond composée de gomme-gutte, de carmin et de bleu, on indique les haies, les arbres et les ceps avec du vert foncé.

Il est à remarquer que, dans cette culture, il existe une variation sensible entre les tons de localité. Les tons rouge-violet que nous représentons dans notre planche sont généralement adoptés; néanmoins, lorsqu'un même plan représente plusieurs natures qui diffèrent sensiblement l'une de l'autre, il est bon de les indiquer, afin d'animer le dessin et de le rendre plus fidèle.

DES FRICHES.

La *figure* 1, n° IV, représente un dessin de friches à la plume; les parties flacheuses et non pointillées indiquent des terrains sablonneux.

La *figure* 2, n° IV, indique la teinte de fond composée de deux teintes ainsi qu'il a été dit pour les fonds de terres.

La *figure* 3, n° IV, indique un dessin au lavis. Après avoir posé les deux teintes de fonds, il faut revenir avec les mêmes teintes, mais plus foncées, par des couches horizontales, en employant le vert pour les parties de végétation, et la couleur de terre, mêlée au besoin d'un peu de jaune, pour les parties nues et sèches. Les parties vertes seulement devront être brindillées.

Pl. 6

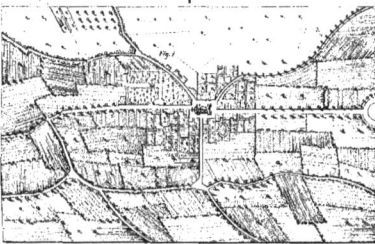

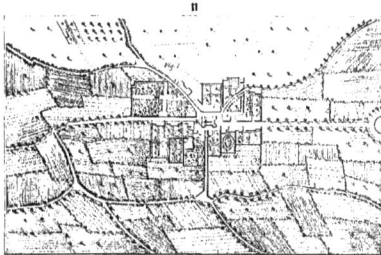

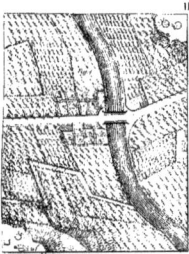

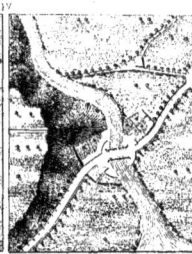

Terres, Friches et Vignes.

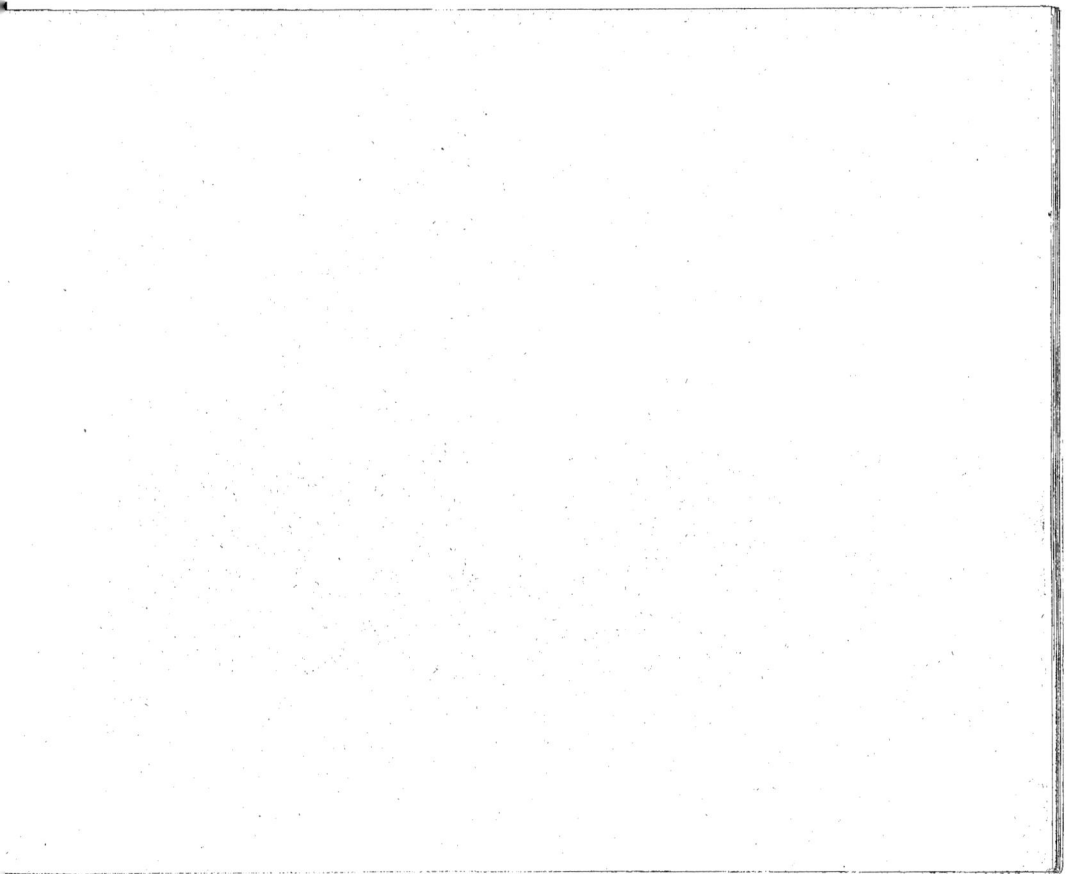

PLANCHE 7.

DES BRUYÈRES.

Le dessin à la plume pour la bruyère (*figure* 1, n° 1) ne diffère en rien de celui des friches; il en est de même du dessin au lavis (*figure* 2, n° 1); il ne diffère que par le ton de localité qui s'obtient au moyen de deux teintes, l'une de vert et l'autre de carmin-faible, posées ainsi qu'il vient d'être dit pour les friches. Le brindillé s'opère de la même manière.

DES LANDES.

Les landes s'indiquent absolument de la même manière que les friches et les bruyères, en observant seulement que les parties incultes soient plus accusées et plus arrêtées que les parties de végétation; on peut jeter çà et là quelques touches d'encre de Chine et indiquer quelques parties pierreuses et rocailleuses pour faire sentir toute la sécheresse de cette nature de terrain. La *figure* 1 (n° II) indique le dessin à la plume d'une partie de landes, au bas de laquelle se trouve un terrain sablonneux. La *figure* 2 (n° II) indique la même nature de culture et les mêmes sables, mais ils sont coloriés.

DES MARAIS.

La *figure* 1 (n° III) présente le travail préparatoire à faire pour indiquer la démarcation entre les parties d'eau et le terrain. Ce travail devra être fait très-légèrement. La *figure* 2 (n° III, et la *fig.* 4, n° III) indiquent un terrain marécageux dont le dessin à la plume est entièrement terminé. Les parties pointillées indiquent le terrain submergé par l'eau, et les parties blanches indiquent celles qui sont restées à sec; enfin, le brindillé qui limite les parties submergées, indique les joncs et les herbages qui naissent dans ces parties humides.

La *figure* 1 (n° IV) indique le fond, teinte locale composée de deux teintes, l'une de vert, l'autre de terre; les parties d'eau sont indiquées par une légère teinte de bleu de Prusse. Ce travail préparatoire obtenu, il faut, avec hardiesse et sans tâtonnement, poser les eaux; puis, avec un pinceau chargé de bleu plus foncé, tracer bien horizontalement des coups de force sur les bords des flaques d'eau; ces touches diminueront d'intensité à mesure que l'on approchera du milieu. Pour le terrain, il faudra aussi, avec un pinceau chargé de vert, toujours plus foncé que la teinte primitive, jeter çà et là des touches menées bien horizontalement, en observant que, plus on approche des parties mouillées, plus ces touches doivent être vigoureuses. Pour donner plus de nerf, enfin, on pourra, avec un pinceau chargé de bleu, jeter quelques nouvelles teintes, mais avec modération et sentiment.

Les parties de bois submergées se traitent absolument de la même manière que les autres bois.

La *figure* 3, n° 4, représente une partie de bois marécageux. Sur la hauteur on a représenté un terrain à sec, et par conséquent la teinte locale est une couleur de terre. Dans la même partie, mais pour indiquer l'enfoncement du terrain, on a jeté çà et là quelques couches de vert, pour indiquer que le terrain étant plus humide, il est aussi couvert d'une plus grande végétation, ce qui nécessite un ton de verdure que n'ont pas les parties hautes du terrain. C'est donc à l'élève à bien se pénétrer, avant tout, de la configuration du terrain, afin de pouvoir en rendre avec avantage tous les accidents. Dans les parties mouillées, il se rencontre souvent des herbes hautes; il est bon de les indiquer çà et là, principalement sur les limites des parties d'eau; c'est d'un bon effet pour le dessin. Il faut donc saisir avec empressement cette occasion d'animer un dessin et d'en rompre la monotonie. L'élève devra s'appliquer à bien faire ressortir ses eaux par un reflet brillant; il devra surtout faire en sorte que les parties d'eaux ne soient pas circonscrites par des lignes dures et sèches, mais qu'elles se perdent et disparaissent à l'œil en se fondant imperceptiblement avec les autres parties du terrain.

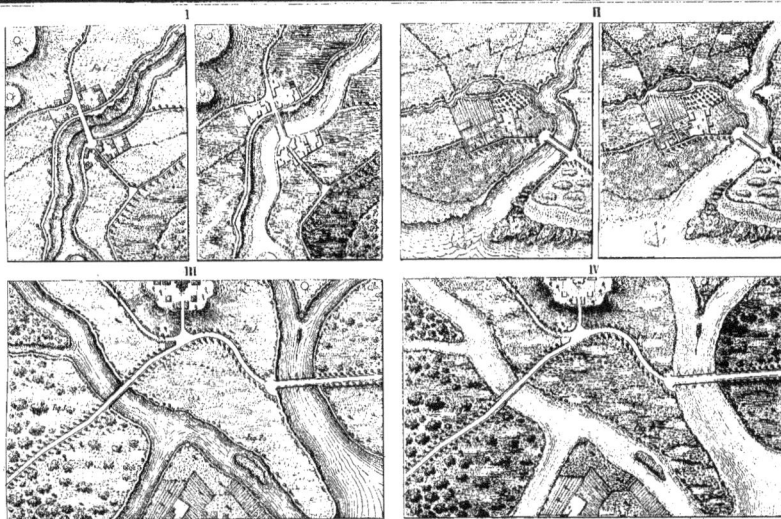

Bruyères, Landes et Marais.

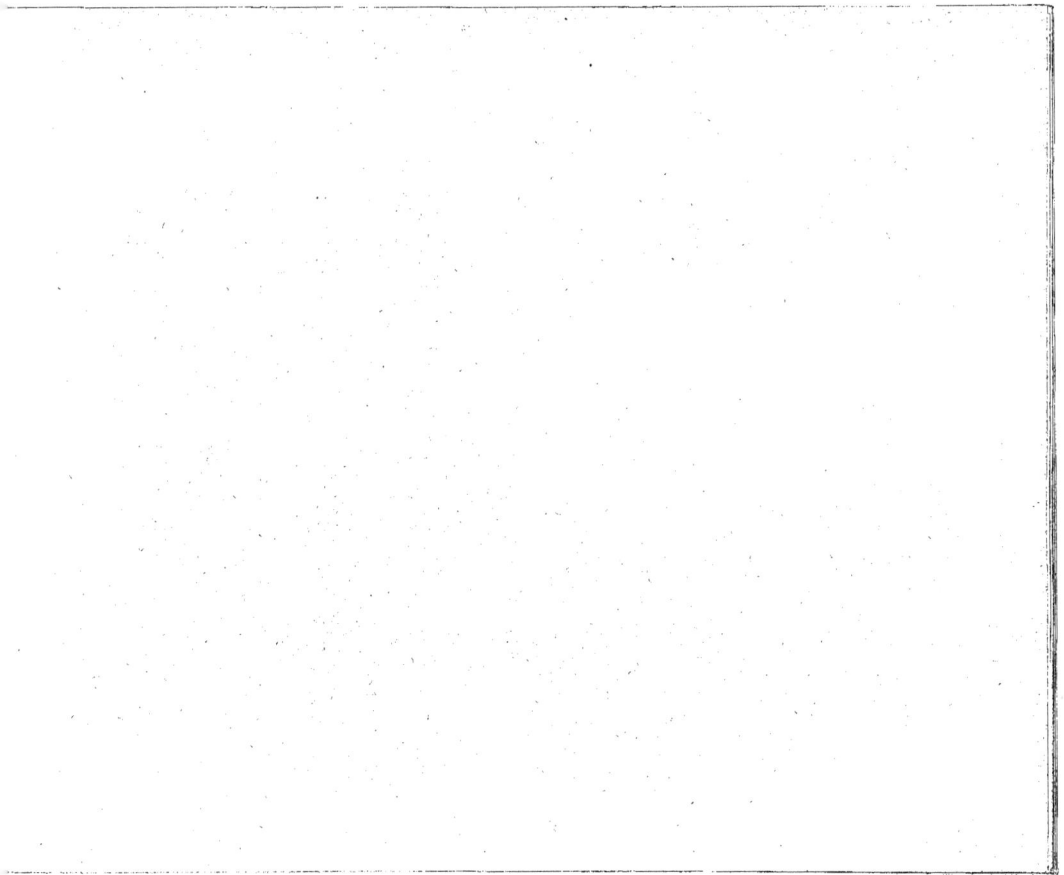

PLANCHE 8.

DES ROCHERS.

Après avoir esquissé légèrement au crayon le contour et les principales masses de chacun des blocs qui composent les rochers, il faut les passer au trait à l'encre de Chine pâle, puis teinter, par des hachures, toutes les parties d'ombre, en employant une encre plus foncée. Il faut avoir bien soin que toutes ces hachures ne soient pas menées dans une même direction, mais disposées de telle sorte que les masses principales se détachent sensiblement les unes des autres, et que le travail de détail ne vienne pas nuire à l'effet général. On pourra encore jeter, avec une encre très-noire, quelques lignes hardies dans les fonds, afin de détacher d'une manière nette et franche toutes les masses. Tels sont les principes généraux que nous pouvons indiquer; mais l'on conçoit combien la théorie est impuissante dans une telle matière pour instruire complétement l'élève. Ce n'est qu'à force de copier qu'il arrivera à bien saisir le sentiment, si difficile à acquérir. Les rochers vus horizontalement présentent plus de difficultés d'exécution et parlent moins à l'œil que ceux qui sont dessinés en élévation. La *figure 1* (n° 1) représente le dessin à la plume d'une chaîne de rochers.

DU LAVIS DES ROCHERS.

(*Figure 2*, n° II). Après avoir passé légèrement son dessin à l'encre, il faut, avec une teinte plate d'encre de Chine, détacher les parties d'ombre des parties éclairées; puis, avec des teintes de bistre, de terre d'ombre, plus ou moins foncées, avec des teintes bleuâtres soigneusement graduées, achever le lavis. Ce travail obtenu, on terminera son dessin au moyen de hachures à la plume, en employant des couleurs de même ton, mais plus foncées que celles du travail préparatoire.

DES PLANS DE VILLE ET DE CONSTRUCTION EN GÉNÉRAL.

Après avoir déterminé au crayon toutes les constructions, hameaux, villages, bourgs et plans de ville, on les passera à l'encre très-finement et très-purement, surtout du côté exposé à la lumière; après quoi on les ombrera, pour un dessin en noir, soit par une teinte d'encre de Chine, soit par une teinte *dite grisée* en terme de l'art. On obtient cette teinte au moyen de hachures fines, serrées, bien parallèles, et tracées avec la règle et l'équerre sur toute la surface des parties construites. Le mérite de ce travail, qui demande d'ailleurs une grande habitude, consiste dans la régularité et le parallélisme des lignes, afin d'obtenir une teinte douce et unie. Les monuments publics se distinguent des autres bâtiments, soit par le même procédé, mais en ayant soin de faire les hachures plus fortes et plus serrées, soit par des hachures croisées, soit encore par une teinte très-noire d'encre de Chine, ainsi qu'on le voit dans notre dessin (*planche* 8, n° III). Après avoir grisé tous les bâtiments, on terminera le travail et on le relèvera beaucoup en donnant aux traits opposés à la lumière un coup de force très-noir et purement accusé par une ligne tracée au moyen d'un tire-ligne.

DU LAVIS DES PLANS DE VILLE.

Quand le dessin est passé à l'encre, on couche sur toute la surface des bâtiments une légère teinte plate de carmin; puis on relève les ombres par un trait de carmin très-fort et bien prononcé. Les murs de séparation entre les constructions s'indiquent par deux traits fins parallèles tracés au carmin ou bien encore par un seul trait de carmin fortement tracé. Les édifices publics se représentent aussi par une teinte de carmin plus vigoureuse, ou bien encore par une teinte plate de noir prononcée. Quelquefois encore, on les indique par une teinte plate de bleu fort; les intérieurs et les cours se lavent avec une teinte légère d'encre de Chine, ou bien encore avec une teinte couleur de terre pointillée à la plume (voir notre dessin *planche* 8, n° III.

DES JARDINS.

On distingue plusieurs sortes de jardins : les jardins potagers ou fruitiers, les vergers et les jardins d'agrément, dits jardins anglais.

Les deux premières natures de jardins s'indiquent au moyen de carreaux réguliers, sillonnés en sens divers, comme les terres et avec les mêmes teintes. On indique les arbres et les gazons qui bordent les allées.

Les jardins anglais demandent plus de soin; leurs contours plus variés devront être bordés de gazon vert; les plates-bandes seront semées de fleurettes de diverses couleurs pour leur donner de l'animation; enfin il faudra pointiller avec soin les sillons pour indiquer la végétation. On déterminera aussi les haies, les bois; et, autant qu'on le pourra, suivant l'échelle du plan, il faudra indiquer en élévation les arbres qui, par leur nature, se distinguent particulièrement des autres (n° 3).

Pl. 5.

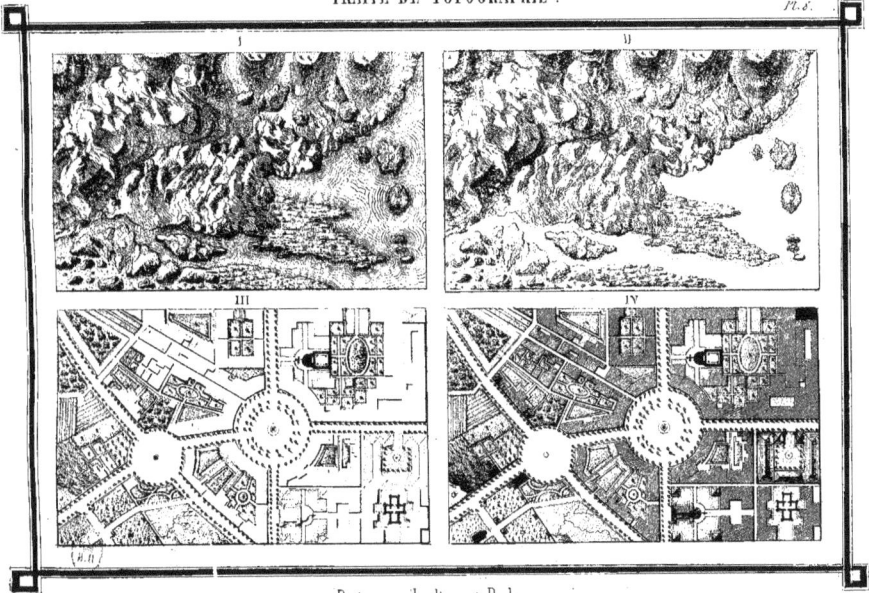

Batimens , Jardins et Rochers .

PLANCHE 9.

DES ÉTANGS, RUISSEAUX, RIVIÈRES, FLEUVES, ETC.

Dans un dessin ombré à la plume (*figure 2, n° 1*) on indique un étang au moyen de lignes dites *filées* parallèlement aux limites de cette figure, en observant que ces lignes soient d'autant plus fines et d'autant plus espacées qu'elles se rapprochent davantage du milieu ; au contraire, ces lignes devront être d'autant plus prononcées et plus rapprochées qu'elles seront plus voisines des bords. Cette intensité devra encore augmenter lorsque les lignes seront placées au côté d'ombre de la figure.

Les eaux, les ruisseaux, rivières, fleuves, mers, se filent de la même manière, en observant toujours que ces lignes doivent ne jamais être interrompues et suivre tous les contours des îles, rochers ou de tout autre objet qu'elles rencontrent dans leur course. Le courant des eaux s'indique par une légère flèche qui doit être tracée dans le contour des eaux, la pointe de la flèche indiquant le sens du courant.

DU LAVIS DES EAUX.

Le lavis des *pêcheries, étangs, ruisseaux, rivières, fleuves, mers*, et de toutes les eaux en général, s'opère au moyen de teintes de bleu de Prusse fondues avec un pinceau à l'eau ; la teinte décroissant d'intensité à mesure qu'elle se rapproche du milieu des eaux. Ce lavis terminé, on peut encore filer les eaux ; mais il est difficile de le faire au pinceau, et il faut employer la plume. Ce travail n'est pas inutile, car il rend bien le mouvement des eaux.

Les mers se représentent de la même manière ; seulement, à cause de la couleur verte des eaux de mer, il faut employer du vert d'eau très-tendre, dont on peut passer une couche sur le lavis au bleu de Prusse.

DES INONDATIONS.

Lorsque l'on veut indiquer une partie de terrain momentanément submergée, il suffit, après avoir fait son plan, de passer une teinte plate très-légère de bleu de Prusse, puis de revenir sur les bords avec une seconde teinte, que l'on fond en adoucissant vers le milieu ; mais il faut observer que les parties de terrain inondé doivent être traitées avec des tons beaucoup plus légers que le reste du plan, afin que le détail du travail soit dominé par la couche d'eau ; s'il en était autrement, l'effet serait criard (voir n° 4, *planche 9*).

DES PRAIRIES ET PATURAGES.

Le ton local d'un *pré* est nécessairement la couche verte ; mais, si l'on pose uniformément cette teinte à plat sur toute la surface de la prairie, quelque belle que soit cette teinte, on n'obtiendra qu'une image sèche et froide, surtout si le plan est dressé à une grande échelle. Pour éviter cet inconvénient et pour animer le plan, tout en se rapprochant de la nature, il faut, avant de poser la teinte de vert, jeter çà et là quelques pochades de couleur de terre sur les parties hautes privées d'humidité, afin d'en faire sentir la sécheresse. Dans les parties basses, il faudra jeter quelques touches de bleu-vert posées bien horizontalement et fondues par leur extrémité, afin qu'elles ne soient pas arrêtées d'une manière trop brusque. Cela fait, on posera sa teinte générale de vert sur toute la surface comme s'il n'existait aucun travail préparatoire. Cette dernière teinte étant à demi sèche, on harmonise les parties avec les trois couleurs déjà employées. Cette opération demande beaucoup de goût et de discernement. Quand le dessin est bien sec, on le termine par un pointillé à la plume avec un vert-foncé ou du bistre-fort pour accuser la végétation, en observant de pointiller vigoureusement les parties basses et de laisser presqu'à nu les parties hautes (*figure 1, n° III*). Les prés marécageux (*figure 2, n° III*) se lavent de la même manière, en ayant soin de conserver les parties d'eau qui seront lavées ainsi qu'il a été dit à l'article des marais.

Les *pâturages* devront être dessinés et lavés de la même manière que les prairies, mais on devra conserver moins d'uniformité dans les teintes ; le vert devra être moins vif, le terrain plus haché et pointillé plus rarement. Quelques parties terreuses devront même dominer, comme aussi quelques-unes de ces plantes parasites que l'on rencontre toujours dans les terrains de second ordre (*figure 3, n° III*).

Pl. 9.

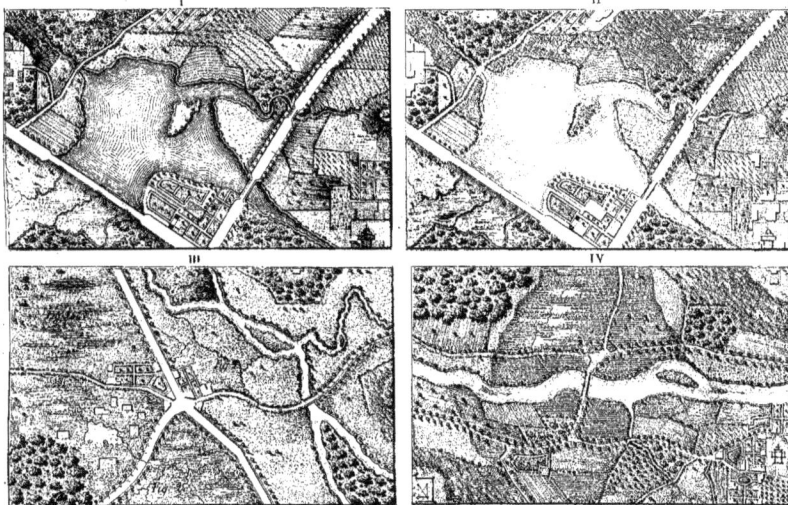

Etangs, Prés et Inondations.

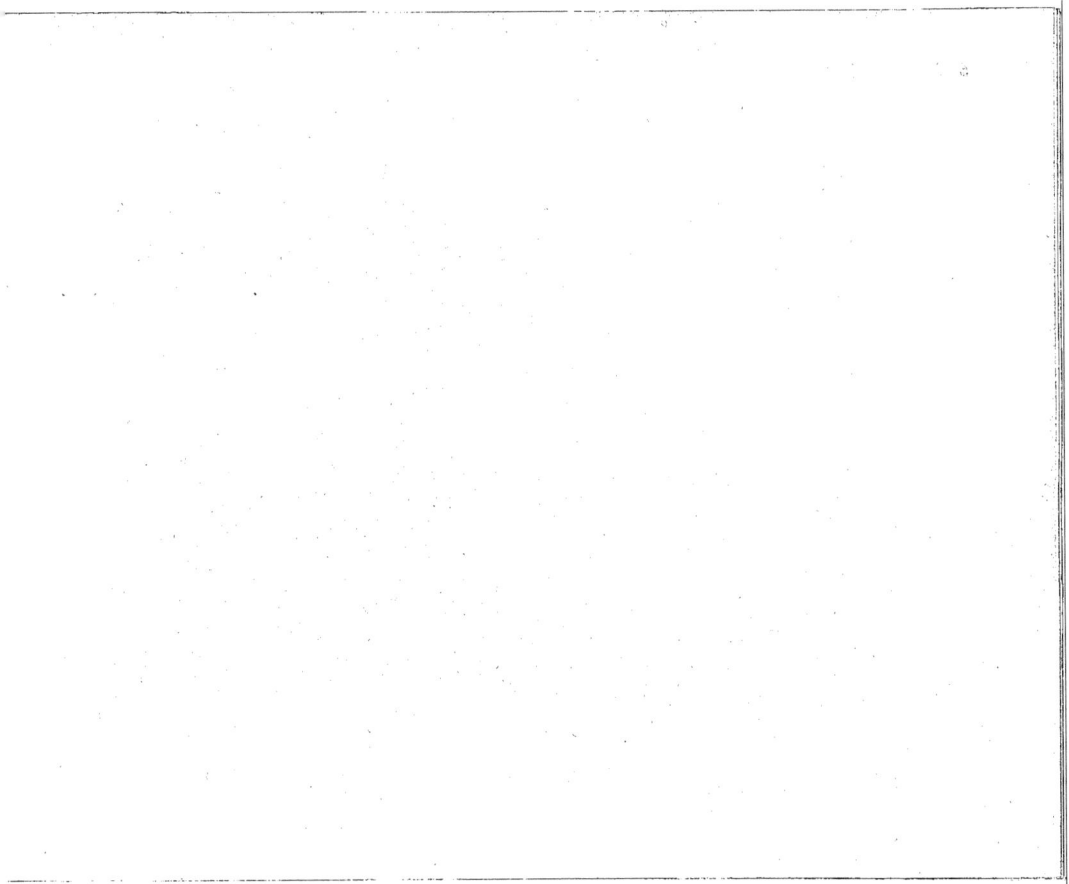

PLANCHE 10.

Cette planche, qui résume à elle seule toutes celles qui précèdent, présente, quoique moins séduisante à l'œil, plus de difficultés d'exécution, et demande plus de temps.

Après avoir fait le trait de son dessin, ainsi que nous l'avons indiqué (*planche 1*, du Dessin au simple trait), on attaque les masses. On commence donc par indiquer toutes les montagnes, afin de mettre en place toutes les parties saillantes et les points culminants du dessin; ce travail préparatoire étant obtenu, on procède au détail de chacune des parcelles, en accusant à la plume, comme pour le travail au pinceau, toutes les parties d'ombre et de lumière qui doivent conserver au terrain l'ensemble de ses accidents. Les différences de tons, d'ombre et de demi-teintes, s'obtiennent par des traits plus ou moins fins et écartés, selon qu'on se rapproche des parties lumineuses, tandis que ces traits sont plus ou moins gros et serrés, selon qu'on se rapproche des parties d'ombre. Le travail des terrains plats tient le milieu entre ces deux manières de faire.

Comme il ne s'agit ici que d'un travail à la plume et non de l'emploi des couleurs, il importe peu que l'on commence par telle ou telle nature de culture. Seulement, nous engageons les élèves, lorsqu'ils auront commencé le travail, soit des terres, soit des prés, ou de toute autre nature de terrain, à le continuer partout où il se représentera sur leur dessin; car, en faisant de suite toutes les parties qui exigent le même travail, leur main s'y habituera, l'exécutera plus habilement et conservera au dessin toute l'harmonie d'exécution désirable.

Un mot à présent sur l'emploi des instruments.

Sans doute, la règle, l'équerre et le tire-ligne sont de puissants auxiliaires, et, dans certains cas, nous ne les repoussons pas; mais, outre que leur usage est lent, outre que, dans le tracé des routes, ruisseaux, chemins, etc., on n'en obtient que des lignes roides, coupées, saccadées, anguleuses, l'élève qui en fait un trop fréquent usage ne parvient pas à acquérir de la main, tandis que celui qui s'habitue de bonne heure à tracer hardiment des lignes et angles à main levée, celui qui se sert de la plume au lieu du tire-ligne, acquiert bientôt cette justesse de coup d'œil, cette solidité dans la main indispensables à tout dessinateur.

Nous engageons donc les élèves à n'employer la règle et l'équerre que dans les cas indispensables, comme lorsqu'ils doivent représenter des villes ou villages, et tout ce qui est architecture, maçonnerie ou fortification, comme dans la *planche 12* qui suit.

Bien que, dans une planche en noir, le travail plus ou moins fin ou plus ou moins serré varie les tons, on pourra, au besoin, modeler les parties claires et les parties mixtes, en employant de l'encre plus pâle que pour les traits et parties principales. C'est ainsi que, dans les eaux, par exemple, après avoir tracé, sur les bords, quelques lignes vigoureuses avec une encre bien noire, on pourra en diminuer le ton au fur et à mesure qu'on arrivera vers le milieu d'un étang, d'un ruisseau ou d'une rivière. L'intensité du ton, diminuant en même temps que la force des traits, concourra à rendre le travail pur et transparent.

TRAITÉ DE TOPOGRAPHIE.

PL. 10.

Planche générale en Noir.

PLANCHE II.

PLAN GÉNÉRAL COLORIÉ.

Cette planche réunit tout ce qu'il est possible de représenter en topographie. Nous rappellerons qu'après avoir fait la première ébauche, ou mieux encore le lavis des masses, il faut procéder aux détails pour chaque parcelle et pour chaque nature de culture; seulement, il est bon d'observer qu'il faut forcer les tons des détails dans la proportion des tons de masse, afin de conserver l'aspect général du plan. Il est bon même de revenir, après le détail fait, par de petites teintes plates ou adoucies, suivant le besoin, afin de compléter un ensemble harmonieux et de lier le travail préparatoire au travail définitif.

PLAN DE MASSES.

Dans un dessin d'étude, on indique du sommet à la base, au moyen d'une teinte d'encre de Chine fondue avec un pinceau chargé d'eau, les parties montagneuses du terrain; mais, dans un dessin au lavis entièrement terminé, tel que celui qui nous occupe (*planche II*), on emploie de la terre de Sienne ou de la sépia, en ayant soin de bien éclairer les parties lumineuses, et, surtout aussi, d'observer que les parties les plus élevées soient les plus vives et coloriées avec plus de chaleur. C'est seulement dans les parties d'ombre qu'on pourra employer un peu d'encre de Chine, mais avec précaution. La terre de Sienne, la sépia sont préférables comme donnant des tons plus chauds et plus en rapport avec le ton du terrain.

Le plan de masses étant obtenu, on procédera aux détails du lavis par parcelles et par nature de culture, en ayant soin de laver toutes les parcelles de même nature à la fois, pour qu'il y ait plus d'unité entre elles. Après avoir posé sa teinte plate comme teinte de fond, si le travail de masses indique des pentes, il faudra y revenir avec la même teinte, mais plus foncée, et l'adoucir à mesure qu'on se rapprochera des parcelles de terrain plat. Sans cette précaution, l'effet général souffrirait, et les détails, absorbés par la teinte de fond, se perdraient.

ORDRE A SUIVRE POUR POSER LES TEINTES.

La première teinte à poser sur un plan est la teinte de terre; car cette teinte, formant le fond et se retrouvant dans presque toutes les natures de culture, il faut qu'elle soit posée la première, pour être ensuite recouverte en partie par les autres couleurs. Sur les parties représentant des terres, cette teinte devra couvrir entièrement la parcelle; tandis que, sur celles qui représentent d'autres natures de culture, il suffira d'en poser avec discernement quelques touches, afin de mêler les couleurs entre elles et d'en éviter la trop grande uniformité.

La seconde teinte à employer est le vert, qu'il faudra poser plus légèrement sur les parties où on aura déjà mis la couleur de terre, afin que cette dernière se sente dessous et accuse la sécheresse que l'on a voulu indiquer dans cette partie de terrain.

La troisième teinte est le bleu de Prusse, que l'on emploie, ainsi qu'on l'a vu, pour toutes les eaux; mais il faut s'étudier à tirer habilement partie de cette couleur pour animer les autres natures de terrain. Ainsi, par exemple, pour représenter une terre humide, lorsque le fond de terre est lavé, on y trace légèrement, avec la pointe du pinceau au bleu, quelques teintes horizontales (voir la *planche* des teintes conventionnelles). Il en est de même pour les prés humides. Enfin, lorsque l'on veut obtenir du vert plus vigoureux, soit dans les fonds, soit dans les parties d'ombre des bois, on y jette quelques parties de bleu.

Après le bleu de Prusse vient la gomme-gutte, que l'on emploie dans les parties lumineuses, afin de donner de la vivacité. C'est surtout dans les bois, sur les touffes d'arbres, qu'une petite teinte de jaune, placée à propos, donne de la fraîcheur au dessin. On emploie encore la couleur jaune pour indiquer les parties de bâtiments en ruines ou en démolition.

Enfin, on termine par le carmin; mais il faut avoir soin de ne poser cette teinte qu'après avoir préalablement bien nettoyé son dessin avec de la mie de pain, afin de conserver à cette couleur toute sa fraîcheur. Cette teinte doit avoir plus de crudité que les autres, afin que les parties qui en sont coloriées se détachent complétement de l'ensemble.

Pl. II.

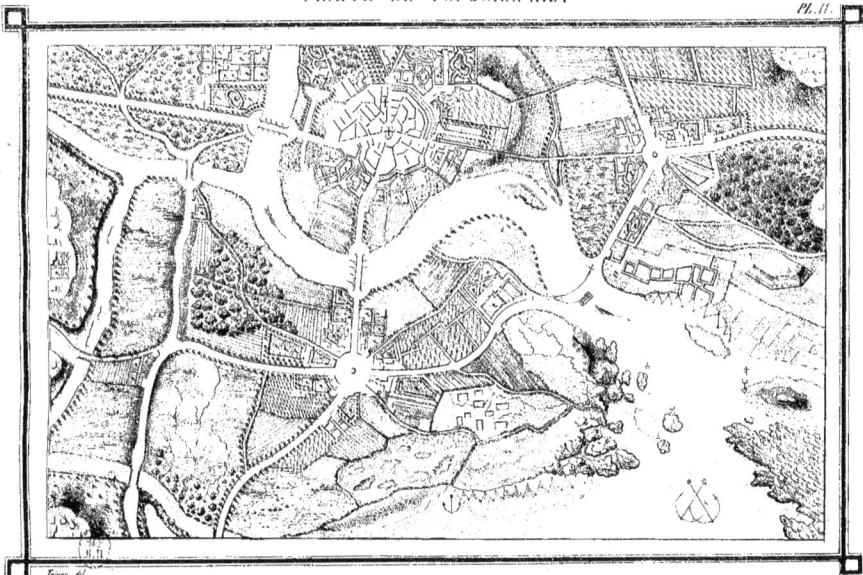

Trigon del

Planche générale en Couleur.

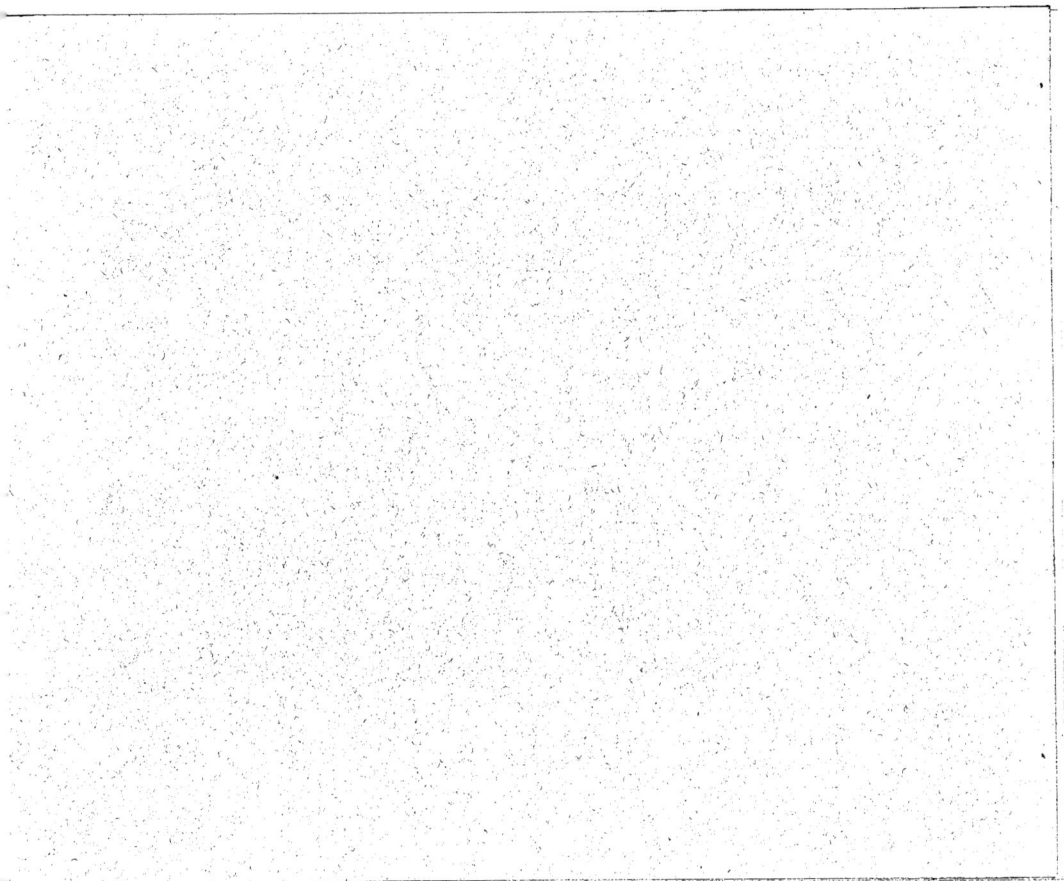

PLANCHE 12.

TOPOGRAPHIE MILITAIRE.

Dans cette planche, nous avons réuni, en grande partie, tout ce qui concerne la topographie militaire : les différents ouvrages de fortifications désignés par leur nom propre ; un plan de ville fortifiée ; le mouvement des troupes, leurs marches, contre-marches, leur position ancienne et leur position nouvelle, la désignation de toutes les troupes européennes d'après les teintes de convention, les parcs d'artillerie, etc.

Nous rappellerons ici que, dans les travaux de maçonnerie, il faut la plus grande pureté comme la plus grande précision pour le tracé des lignes de construction ; la plus grande certitude dans les angles ; la ligne magistrale seule doit être bien sentie et vivement accusée.

DÉTAILS D'ARCHITECTURE MILITAIRE.

Le côté extérieur du *polygone* fortifié est ordinairement de 360 mètres ; le perpendiculaire est du dixième, c'est-à-dire de 36 mètres, pour tous les polygones qui ont plus de cinq côtés ; pour le pentagone, elle n'est que d'un septième, et pour le carré un huitième.

La *face* du bastion est de 100 mètres, le *flanc* de 58, la *courtine* de 150, et la *ligne de défense* de 270 environ.

Tenaille. La tenaille est séparée du flanc par un passage de 8 à 10 mètres, et de la *courtine* par un fossé de 10 à 12 mètres.

Fossés. Les fossés des corps de place ont depuis 25 jusqu'à 60 mètres d'ouverture, lorsqu'ils sont pleins d'eau. Ceux des demi-lunes n'ont que 20 à 25 mètres.

Demi-lunes. L'angle saillant de la demi-lune est éloigné de 60 à 70 mètres du côté extérieur de polygone : ses faces sont alignées de 8 à 10 mètres des épaules du bastion, et sont terminées par la ligne de contrescarpe, ou bien elles ont les flancs de 20 à 30 mètres.

Contrescarpe. La contrescarpe est ordinairement revêtue et s'élève au moins de 2 mètres à 2 mètres 66 centimètres au-dessus de l'eau, quand il y en a dans les fossés ; et lorsqu'il n'y en pas, elle a au moins 5 à 6 mètres de hauteur.

Chemin couvert. La largeur du chemin couvert est ordinairement de 10 mètres partout, devant les demi-lunes comme devant les bastions, sauf les places d'armes et rentrantes : les traverses du chemin couvert sont espacées à peu près de 30 à 35 mètres.

Palissades. En temps de guerre, on borde intérieurement le parapet du chemin couvert d'un rang de palissades qui en surpassent la crête de 26 centimètres ; elle en est éloignée au sommet de 60 centimètres, et seulement de 6 centimètres au bas.

Parapets. Pour mettre les parapets à l'épreuve du canon de 24, on leur donne 3 mètres d'épaisseur au sommet non compris les talus extérieur et intérieur ; lorsqu'ils sont en terre, on leur donne en les construisant 4 mètre 50 centimètres.

Largeur des remparts. On ne peut donner moins de 24 mètres au terre-plein du rempart des pièces détachées où l'on veut placer du canon de 24 ; mais au rempart du corps de place il faut 6 mètres de plus pour le passage de deux voitures.

Revêtement de l'escarpe. Le revêtement de l'escarpe au corps de place doit avoir 12 mètres de hauteur dans les fossés secs, et plus s'il est possible, mais jamais moins de 10 mètres. Dans les fossés où il y a au moins 2 mètres d'eau, on peut se contenter de 8 mètres d'escarpe.

Reliefs. On place ordinairement le terre-plein du chemin couvert auprès de la contrescarpe, au niveau de la campagne, avec une pente de 16 centimètres, depuis la banquette, pour l'écoulement des eaux. La crête du glacis est élevée au-dessus de 2 mètres 66 centimètres à 3 mètres.

Le *cordon de l'escarpe* s'établit à la hauteur de la crête du glacis, afin que les maçonneries ne soient point aperçues de la campagne ; la crête du parapet du corps de place doit être de 2 mètres 66 centimètres au moins plus élevée.

Le *terre-plein* du rempart doit être au niveau du cordon d'escarpe, et le terrain naturel au même niveau que le cordon de la contrescarpe.

Plongée. On donne au parapet 66 centimètres de plongée, 2 mètres de talus extérieur, et 50 centimètres seulement de talus intérieur.

Pente du glacis. On donne au glacis 8 centimètres de pente pour chaque toise de longueur.

Épaisseur des revêtements. Les murs d'escarpe ont généralement 1 mètre 66 centimètres d'épaisseur au sommet, et les murs de contrescarpe 1 mètre. Pour l'une comme pour l'autre de ces constructions, on établit des talus égaux au cinquième de la hauteur, et des contreforts de 6 en 6 mètres.

Créneaux. On donne aux créneaux 5 ou 8 centimètres de largeur extérieurement, et 33 ou 38 centimètres de hauteur. Leur ouverture s'élargit intérieurement.

Circonvallation et Contrevallation. La ligne de circonvallation s'établit à 30 mètres environ de la place qu'on veut assiéger. La ligne de contrevallation s'établit à 2,400 mètres ; le camp s'établit entre ces deux lignes, pour être hors de la portée du canon.

Les lignes se font plus ou moins larges et profondes, suivant l'importance de la place et la force de l'ennemi. Le plus grand profil est de 6 mètres d'ouverture au niveau du terrain, 2 mètres et 2 mètres 50 centimètres de profondeur.

Le plus petit profil est de 4 mètres 66 centimètres au fond, et de 1 mètre 66 centimètres de profondeur au-dessous du terrain naturel.

Communications. Dans les commencements d'un siège, lorsque les fossés sont pleins d'eau, on communique du corps de place aux ouvrages extérieurs par des ponts de charpente construits à cet effet. Mais, comme ils sont bientôt détruits par les bombes ou le canon, on y supplée par des bateaux ou des radeaux.

Les bateaux ont 5 mètres 33 centimètres ou 6 mètres 66 centimètres de longueur, sur 1 mètre 33 centimètres de largeur, et 66 centimètres de profondeur ; ils peuvent contenir 30 ou 40 hommes armés. Les radeaux sont des pièces de bois liées ensemble et recouvertes d'un plancher.

On arrête ou on retarde la marche de l'ennemi par le moyen d'*abatis*, de *trous de loup*, de *chevaux de frise*, de *palissades*, de *chausse-trapes*.

Abatis. Les abatis sont des arbres de médiocre grosseur, dont on ôte les menues branches et dont on aiguise les grosses branches pour les tourner contre l'ennemi. On arrête fortement ces arbres par des piquets croisés et bien enfoncés.

Trous de loup. Les trous de loup ou *puits* sont des excavations qui ont la figure d'un cône renversé : le diamètre intérieur est de 1 mètre, celui du dessus de 2 mètres, et la profondeur de 1 mètre 66 centimètres.

Les pieux qui en sortent sont rangés en talus sur les bords. Au milieu de chaque puits, on enfonce un piquet très-pointu par le haut et élevé environ de 4 mètres 50 centimètres au-dessus du fond. On dispose ces puits sur deux ou trois rangées en quinconces espacés d'un piquet à l'autre de 3 mètres 33 centimètres. Ils sont utiles principalement contre la cavalerie.

Chevaux de frise. Les chevaux de frise sont des morceaux de bois de 12 à 18 mètres de longueur sur 16 ou 18 centimètres de diamètre, qu'on taille à huit pans sur chacun desquels on plante dix ou douze lames de 1 mètre 50 centimètres de longueur aiguisées ou armées de pointes de fer. Ces lames sont de bois dur ; mais la pièce principale est de bois blanc, pour qu'elle soit moins lourde à transporter : aux deux bouts est ordinairement une chaîne pour l'attacher là où on la place.

Palissades. Les palissades sont des pieux de 2 mètres 66 centimètres à 3 mètres 33 centimètres de longueur sur 50 centimètres de tour aiguisés à la partie supérieure. On les plante soit verticalement, soit horizontalement ; et dans ce dernier cas elles portent le nom de *froises*. On enfonce les palissades de 1 mètre, on les espace de 22 à 27 centimètres de milieu en milieu, et on les unit par un linteau horizontal, auquel on les cloue ou cheville à la hauteur de 1 mètre 33 centimètres. Les froises s'attachent sur un coussinet, et on les incline un peu en avant.

Chausse-trapes. Les chausse-trapes sont de gros clous à quatre pointes disposées de telle manière qu'en les jetant au hasard il y a toujours une pointe qui se présente en haut.

Fortifications.

Tripon del.

Clermo.Lith. A. Poussoustier ainé.